畜牧业温室气体
监测、报告和核证方法指南

董红敏　主编

科学出版社
北　京

内 容 简 介

我国把碳达峰、碳中和纳入生态文明建设整体布局和经济社会发展全局，坚持降碳、减污、扩绿、增长协同推进，力争2030年前二氧化碳排放达到峰值，努力争取2060年前实现碳中和。畜牧业是重要的温室气体排放源，在国际农业研究磋商组织“气候变化、农业与粮食安全”国际研究项目和全球农业温室气体研究联盟国际合作项目的支持下，中国农业科学院农业环境与可持续发展研究所联合国内外相关单位，撰写《畜牧业温室气体监测、报告和核证方法指南》一书，包括畜牧业温室气体排放核算方法、温室气体清单编制数据需求及监测收集方法、畜牧业温室气体清单报告编制及工作安排、畜牧业温室气体清单核证指南，开展了案例研究，以期为我国和其他国家畜牧业温室气体排放监测核算、报告和核证提供方法和经验。

本书作为我国第一部畜牧业温室气体排放量核算、温室气体控制决策和农业绿色低碳发展的科学工具书，可供环境保护、环境工程、畜牧环境、畜禽养殖、农业工程、农业生态、气候变化等专业人员参考使用。

图书在版编目（CIP）数据

畜牧业温室气体监测、报告和核证方法指南/董红敏主编. —北京：科学出版社，2022.6

ISBN 978-7-03-070610-2

Ⅰ. ①畜… Ⅱ. ①董… Ⅲ. ①畜牧业–温室效应–有害气体–大气扩散–统计核算–中国–指南 Ⅳ. ①X511-62

中国版本图书馆CIP数据核字(2021)第226971号

责任编辑：李秀伟 / 责任校对：郑金红
责任印制：吴兆东 / 封面设计：无极书装

科学出版社 出版
北京东黄城根北街16号
邮政编码: 100717
http://www.sciencep.com

北京中科印刷有限公司 印刷
科学出版社发行 各地新华书店经销
*
2022年6月第 一 版 开本：787×1092 1/16
2022年6月第一次印刷 印张：9
字数：213 000

定价：128.00元

(如有印装质量问题，我社负责调换)

《畜牧业温室气体监测、报告和核证方法指南》编委会名单

主　编

董红敏

副主编

朱志平　李玉娥

主要编写人员

魏　莎　张　羽　王　悦

其他贡献者

马翠梅　王　田　王健诚

Lini Wollenberg（美国）

Andrea Wilkes（英国）

Sinead Leahy（新西兰）

目　　录

表 目 录

第一部分　绪　　论

1. 引言

温室气体监测、报告和核证（Measurement，Reporting and Verification，简称 MRV）是全球应对气候变化、评估温室气体排放现状和减缓行动效果的依据。为推动科学监测、报告和核证温室气体减排固碳，联合国气候变化大会通过了一系列关于温室气体监测、报告和核证的协议和决定。1992 年通过的《联合国气候变化框架公约》（UNFCCC）要求每一个缔约方在其能力允许范围内，用缔约方会议推荐或议定的可比方法编制所有温室气体排放源的人为排放和吸收汇的清除的国家清单。《联合国气候变化框架公约》第十六次缔约方大会（2010 年）达成的《坎昆协议》，提出非附件一国家应提交包括国家温室气体清单在内的两年更新报告；第十七次缔约方大会（2011 年）形成了两年更新报告的编写指南，提出发展中国家应包括减排行动及其效果、采用的方法学和假设等方面的相关信息；第二十一次缔约方大会通过的《巴黎协定》（2015 年），要求发展中国家定期报告国家温室气体清单，跟踪国家减排行动的进展等相关信息。在《巴黎协定》第一次缔约方大会（2018 年）上通过的透明度框架的模式、程序和指南，进一步明确了提交国家温室气体排放清单和两年透明度报告的要求。联合国制定了发展中国家监测、报告和核证的历程框架，见表 1-1。中国作为发展中大国，高度重视气候变化和农业的绿色低碳发展，先后向联合国提交了三次包括温室气体清单在内的

表 1-1　发展中国家 MRV 的相关决定

年份	主要历程内容
1992	通过了《联合国气候变化框架公约》，规定所有缔约方根据各自能力报告包括温室气体清单在内的国家信息通报。
2002（COP8）	通过了“未列入《联合国气候变化框架公约》附件一的缔约方国家信息通报编制指南”（第 17/CP.8 号决定），该指南对发展中国家提交国家信息通报使用的方法、报告范围等提出了要求。
2010（COP16）	通过了《坎昆协议》（第 1/ CP.16 号决定），该协议要求发展中国家按照其能力提交两年更新报告，包括国家温室气体清单的更新、减缓行动及其影响、国内减排行动的 MRV。
2011（COP17）	通过了“《联合国气候变化框架公约》非附件一所列缔约方两年期更新报告指南”（第 1/ CP.16 号决定的附件三），指南进一步明确了发展中国家两年更新报告要求。
2015（COP21）	通过了《巴黎协定》（第 1/ CP.21 号决定），巴黎协定建立了透明度框架，要求发展中国家定期报告国家温室气体清单；跟踪国家减排行动的进展信息。
2018（CMA1）	通过了“《巴黎协定》第十三条所述行动和支助透明度框架的模式、程序和指南”（第 18/ CMA.1 号决定），其中的强制性要求： 1）采用政府间气候变化专门委员会（IPCC）编写的《2006 IPCC 国家温室气体清单指南》（简称《2006 IPCC 指南》），连续报告国家温室气体排放清单； 2）报告国家自主贡献的进展、减缓政策和行动的进展及效果； 3）2024 年提交透明度双年报告，包括温室气体清单、自主贡献进展和减排行动及效果。

注：COP 全称为 Conference of the Parties，缔约方大会；CMA 全称为 Conference of the Parties Serving as the Meeting of the Parties to the Paris Agreement，作为《巴黎协定》缔约方会议。

国家信息通报，在提交联合国的国家自主贡献（National Determined Contributions，NDC）中明确提出发展低碳农业。

畜牧业是重要的温室气体排放源，奶牛、生猪等主要动物在生产和废弃物管理过程中不可避免地会产生温室气体排放。科学监测、报告和核证畜牧业温室气体排放，增加畜牧业温室气体排放核算、减排行动及减排效果的透明度，探讨控制畜牧业温室气体排放与提高动物生产力和废弃物资源利用协同方法和途径，是实现畜牧业可持续发展的重要措施。

在国际农业研究磋商组织“气候变化、农业与粮食安全”项目和全球农业温室气体研究联盟（GRA）国际合作项目支持下，中国农业科学院农业环境与可持续发展研究所联合国家应对气候变化战略与国际合作中心等单位，研究提出了《畜牧业温室气体监测、报告和核证方法指南》，期望为中国和其他国家畜牧业温室气体排放监测、核算、报告和核证提供方法和经验，为应对气候变化、实现畜牧业绿色低碳发展提供支持。

本指南包括七个部分：绪论、畜牧业温室气体排放核算方法、温室气体清单编制数据需求及监测收集方法、畜牧业温室气体清单报告编制及工作安排、畜牧业温室气体清单核证指南，以及国家和省级畜牧业温室气体案例研究。本指南可用于指导国家和各省编制畜牧业温室气体清单和评估减排行动效果。

2. IPCC 指南简介

《联合国气候变化框架公约》（UNFCCC）要求所有缔约方采用缔约方大会议定的可比方法，定期编制并提交所有温室气体人为源排放量和吸收量的国家清单。政府间气候变化专门委员会（IPCC）编制了系列的国家温室气体清单指南，多数指南经UNFCCC 缔约方大会批准，成为世界各国编制国家温室气体清单必须遵循的技术规范和参考标准。

IPCC 第 1 个清单指南是《IPCC 国家温室气体清单指南》（1995 年），但很快被《IPCC 国家温室气体清单指南（1996 修订版）》（简称《1996 IPCC 指南》）取代，并在此基础上出版了《IPCC 国家温室气体清单良好作法指南和不确定性管理》（简称《IPCC 良好作法指南》）和《IPCC 土地利用、土地利用变化和林业优良做法指南》。

《2006 IPCC 国家温室气体清单指南》（简称《2006 IPCC 指南》）是在整合《1996 IPCC 指南》、《IPCC 良好作法指南》的基础上，构架了更新、更完善但更复杂的方法学体系，由于其复杂性和支撑数据较难获得，目前主要在发达国家使用，发展中国家温室气体清单仍以《1996 IPCC 指南》为基础编制其国家温室气体清单。根据《巴黎协定》第一次缔约方大会决定，我国在 2024 年提交的包括温室气体清单在内的透明度双年更新报告需要根据《2006 IPCC 指南》编制温室气体清单。目前，我国温室气体清单主要采用《1996 IPCC 指南》、《IPCC 良好作法指南》和《IPCC 土地利用、土地利用变化和林业优良做法指南》，有的行业、部门或排放源采用《2006 IPCC 指南》。

2006 年以来，随着科研人员对温室气体排放认知能力的提升和科学研究的进展，更加精细化的排放因子和核算方法逐渐被公开发表，清单指南需要充分纳入最新科学研究成果。另外，新的生产工艺和技术不断出现，带来新的排放特征，这都需要在国家温室气体清单编制中有所体现。为此，2006 年以后，IPCC 又陆续出版了 3 个增补或修订指南，分别是《2006 年 IPCC 国家温室气体清单指南 2013 年增补: 湿地》(简称《湿地增补指南》)、《2013 年京都议定书补充方法和良好做法指南》(简称《京都议定书补充方法指南》) 和《2006 年 IPCC 国家温室气体清单指南 2019 年改进版》。但到目前为止，这些指南还没有通过 UNFCCC 缔约方大会批准。

因此，为了满足未来我国编制畜牧业温室气体清单报告的要求，本书的方法学指南和调查表以《2006 IPCC 指南》为基础编写，而本书提供的 2014 年国家温室气体清单案例仍采用了以前的指南，即以《1996 IPCC 指南》和《IPCC 良好作法指南》为基础，部分参考采用了《2006 IPCC 指南》。

3. 术语和定义

(1) 气候变化

气候变化指在某段时期内所观测的气候的自然变异之外，由于直接或间接的人类活动改变了地球大气的组成所导致的气候改变。

(2) 温室气体

温室气体指大气中吸收和重新放出红外辐射的自然的和人为的气态成分。

(3) 活动数据

活动数据指导致温室气体排放的生产或消费活动量的表征值，在本指南中主要指各种动物的年平均饲养量。

(4) 排放因子

排放因子是表征单位生产或者消费活动量的温室气体排放的系数，本指南中主要涉及单位动物肠道发酵甲烷 (CH_4) 排放、动物粪便管理 CH_4 和氧化亚氮 (N_2O) 排放三类排放因子。

(5) 全球增温潜势

全球增温潜势是指将单位质量的某种温室气体在给定时间段内辐射强迫的影响与等量二氧化碳辐射强迫影响相关联的系数；政府间气候变化专门委员会 (IPCC) 会根据最新的研究结果更新不同温室气体的全球增温潜势。

(6) 二氧化碳当量

二氧化碳当量是根据不同温室气体对辐射强度的作用对其进行比较所采用的衡量值，即在辐射强度上与某种温室气体质量相当的二氧化碳的量。

（7）关键源

关键源是指国家温室气体清单编制系统的优先排放源类别，关键源的排放量估算对某个国家的温室气体排放量和清除量的绝对水平、走势、不确定性具有重大影响。根据《巴黎协定》第十三条所述行动和支助透明度框架的模式、程序和指南规定，关键源是指温室气体累计排放占95%的排放源，而由于能力原因，发展中国家缔约方可灵活地使用关键源累计排放不低于85%的限值来确定关键类别。

（8）动物肠道发酵 CH_4 排放

动物肠道发酵 CH_4 排放指动物在正常代谢过程中，饲料在动物肠道微生物作用下发酵产生的 CH_4 排放。

（9）动物粪便管理 CH_4 排放

动物粪便管理 CH_4 排放指动物粪便在进行贮存、处理和利用过程中，有机物在厌氧微生物作用下发酵产生的 CH_4 排放。动物粪便施入到农田、林地等土壤之后的 CH_4 排放，一般计入农田土壤排放。

（10）动物粪便管理 N_2O 排放

动物粪便管理 N_2O 排放指动物粪便在进行贮存、处理和利用过程中，含氮物质在硝化或反硝化反应过程中产生的 N_2O 排放。动物粪便施入到农田、林地等土壤之后的 N_2O 排放，一般计入农田土壤排放。动物粪便管理 N_2O 排放包括直接排放和间接排放。

（11）质量保证

质量保证（QA）活动包括一套规范的评审规则系统，由没有直接涉足清单编制/制定过程的人员进行评审，以此确保数据质量目标得以实现，它还保证了清单编制人员在目前科学知识水平和数据获取情况下排放源和汇的最佳估算，而且支持质量控制（QC）活动的有效性。

（12）质量控制

质量控制（QC）是一个常规技术活动系统，它在清单编制时测量和控制其质量。质量控制活动包括一般方法，如对数据采集和计算进行准确性检验，对排放计算、测量、估算不确定性、信息存档和报告依据已经批准的指南。更细致的质量控制活动包括对源类别、活动水平和排放因子数据及方法的技术评审。

（13）透明性

透明性指清单所用假定和方法应该得到明确的解释，以帮助使用所报告信息的人员复制和评估清单。清单透明性对信息的交流和审议过程取得成功至关重要。

（14）一致性

一致性是指温室气体清单在数年时间范围内对其所考虑的要素应该内在一致。对基准年和其后所有年份使用同一方法，如果使用一致的方法估算源排放或汇清除，那么清单是一致的。

（15）可比性

可比性是指各缔约国向联合国提交的温室气体清单，其排放量和清除汇的估算可以进行比较。为此，各缔约国应当使用缔约方大会商定的方法和格式进行清单的估算和报告。

（16）完整性

完整性是指清单包括缔约方大会议定的清单编制方法所规定的所有的源和汇，以及规定需要报告的所有气体，还应包括未列入方法但各国特定的其他相关的源/汇。

（17）准确性

准确性是指对某一排放或清除估算准确程度的一个相对测量指标。在当前判断能力情况下的估计值既系统地不高于也不低于真实排放或清除值，又从实际操作角度讲尽可能减少不确定性，估算才算准确。

（18）不确定性

不确定性是指缺乏对变量真实数值了解可被描述为以可能数值的范围和可能性为特征的概率密度函数。不确定性取决于分析者的知识状况，而后者反过来又取决于可用数据的质量与数量以及对基础过程和推导方法的了解程度。

（19）MRV

本指南中，M 代表“监测”，R 代表“报告”，V 代表“核证”。

（20）监测

本指南中，指收集活动水平数据、计算排放因子和排放量。

（21）报告

报告是指按照清单编制报告指南要求提供温室气体排放结果的过程。

（22）核证

核证是指验证活动和程序的总和。这些活动和程序可在温室气体清单的设计与编制过程中，也可以在温室气体清单完成之后实施，核证有助于建立清单的可靠性。一般来说，使用清单编制之外的方法来检查清单的真实性，包括同其他机构所做的估算进行对比，或者同用大气浓度或这些气体的浓度梯度推导出的排放和吸收量进行对比，以及对排放源类别、活动水平和排放因子数据及获取方法进行评审。

第二部分　畜牧业温室气体排放核算方法

1. 概述

畜牧业是重要的温室气体排放源，根据联合国粮食及农业组织的报告，2019 年畜牧业生产过程的温室气体排放约为 43 亿 t 二氧化碳当量。其中，肠道发酵 CH_4 排放总量约为 35 亿 t 二氧化碳当量，粪便管理过程 CH_4 和 N_2O 排放量约为 8 亿 t 二氧化碳当量。另外饲料种植生产过程排放 33 亿 t 二氧化碳当量，畜牧业能源消耗相当于 4 亿 t 二氧化碳当量。如果包括饲料种植和能源消耗，畜牧业全产业链排放 80 亿 t 二氧化碳当量。

随着社会的发展和人们对畜产品需求的增加，畜产品产量将不断增加，在不采取措施控制温室气体情景下，畜牧业的温室气体排放量很有可能会增加。与此同时，随着畜牧业生产水平不断提高，饲料转化效率、动物生产效率将不断提升，单位畜产品的温室气体排放强度（单位畜产品的二氧化碳当量排放）将会呈现下降趋势。因此，改善饲料营养、提高畜牧生产效率、推进废弃物资源化利用等是控制温室气体排放的重要途径。如何核算畜牧业关键减排技术和减排措施的效果，实现控污降碳与利用增效协同，促进畜牧业绿色低碳发展受到日益关注。

2. 畜牧业温室气体排放源和清单范围

根据《2006 IPCC 指南》方法和我国提交联合国的畜牧业温室气体清单编制范围，畜牧业温室气体排放清单范围包括三类排放源，即肠道发酵 CH_4 排放、粪便管理 CH_4 排放和 N_2O 排放。动物生产管理过程中煤、气、油等化石能源消耗导致的二氧化碳排放计入能源排放，饲料原料生产过程的温室气体排放计入种植业源排放。

动物肠道发酵 CH_4 排放是指动物在正常的代谢过程中，寄生在动物消化道内的微生物发酵消化道内饲料时产生的 CH_4 排放，肠道发酵 CH_4 排放只包括从动物口、鼻和直肠排出体外的 CH_4，不包括粪便的 CH_4 排放。

动物粪便管理 CH_4 排放是指在动物粪便贮存、处理和利用过程中所产生的 CH_4。这里的“粪便”是指家畜排泄的粪便和尿液，粪便处理利用过程中添加的秸秆等辅料的排放不计入粪便 CH_4 排放。

动物粪便管理 N_2O 排放是指动物粪便贮存、处理和利用过程所产生并排入环境的 N_2O。动物粪便施入到土壤导致的 N_2O 排放计入农田土壤排放。

肠道发酵 CH_4 排放是畜牧业温室气体的主要排放源，其排放量受饲养方式、饲料种类和质量、生长性能等相关因素影响较大；而粪便管理 CH_4 和 N_2O 排放受所处气候区域、饲养方式、饲料消化率、粪便氮排泄量和粪便管理方式等多种因素影响，不同区域动物生产性能和粪便管理方式等都存在较大的差异，为了真实反映各省畜牧业温室气体排放状况，鼓励采用较为精确的计算方法进行测算。

根据我国畜牧业现状，肠道发酵 CH_4 排放源包括奶牛、肉牛、水牛、牦牛、其他牛、山羊、绵羊、马、驴、骡、骆驼、猪共 12 种家畜；粪便管理 CH_4 和 N_2O 排放源，除了肠道发酵 CH_4 涉及的 12 种家畜外，再加上家禽、兔共 14 种动物。各地可根据畜禽养殖实际的情况确定。

3. 温室气体清单编制过程

根据《2006 IPCC 指南》提供的方法，畜牧业温室气体排放等于动物各排放源的活动水平乘以相应的排放因子，然后将各种动物的排放量求和得到总排放量。一般分 10 个步骤进行。

步骤 1：排放源的确定。根据《2006 IPCC 指南》，确定三类活动所包含的动物类型，并查阅统计年鉴和畜牧兽医年鉴等收集活动水平数据，一般以各种动物的年末存栏量计。

步骤 2：关键排放源的确定。根据《2006 IPCC 指南》，依据排放活动在总排放中的占比和趋势，确定各类排放源中的关键排放源和非关键排放源。

步骤 3：核算方法学选择。关键排放源一般采用更能反映当地生产和粪便管理特点的高级别方法，如方法 2。非关键源一般采用方法 1 和缺省排放因子进行核算。

步骤 4：典型数据调查。基于关键排放源的动物类型，设计典型调查表格，一般调查的数据包括动物养殖方式、动物结构、动物生产特性、饲料特性和粪便管理特性等内容，并开展典型调查。

步骤 5：活动水平数据确定。基于统计年鉴和调查数据，对关键排放源的数据进行分类整理，按照饲养方式（规模化、农户、放牧）、饲养阶段（繁殖母畜、青年、育成育肥、保育）等进行细分，获得细化后的活动水平数据。

步骤 6：排放因子确定。对于非关键排放源，一般选择《2006 IPCC 指南》或国家及省级指南推荐排放因子；对于关键排放源，依据《2006 IPCC 指南》提供的核算方法，结合典型调查获得的有关生产性能、饲料特性和粪便管理方式等数据，分区域、分畜种、分养殖方式、分饲养阶段获得对应的各类活动的排放因子。

步骤 7：排放量的计算。对于非关键排放源，温室气体排放量等于该类动物年末存栏量乘以对应的缺省排放因子；对于关键排放源，需要基于分区域、分畜种、分养殖方式、分饲养阶段的排放因子乘以对应的活动水平数据，再累积求和获得畜牧业温室气体排放总量。

步骤 8：不确定性分析。不论是来自统计年鉴的活动水平数据，还是通过典型调查获得的排放因子参数都有一定的不确定性，一般根据《2006 IPCC 指南》提供的方法计算三类活动的不确定性，并整合估算畜牧业清单的不确定性。

步骤 9：清单报告编制。为了使不同区域的温室气体排放核算具有可比性，各区域以《联合国气候变化框架公约》温室气体清单报告指南为依据，编制各自的报告格式和模板，清单编制机构需要根据指南要求和模板提供报告及相应数据表格。

步骤 10：清单和核证。为了保证清单的透明度、一致性、可比性、完整性和准确性，清单编制机构主管单位组织清单编制机构和外部专家对清单进行核证。

4. 畜牧业温室气体清单编制方法选择

政府间气候变化专门委员会（IPCC）编制的《2006 IPCC 指南》为估算畜牧业温室气体提供了多种方法选择。

方法 1 是利用以前研究中得出的缺省排放因子进行估算的简化方法，即动物存栏量乘以 IPCC 指南或本地缺省排放因子，然后相加可得总排放量。该方法简单，但与各地的畜牧业实际生产和粪便管理特性不一定完全相符。《2006 IPCC 指南》方法 1 根据全球不同区域动物饲养、生产特征和粪便管理的平均状况，提供了不同地区、不同动物类型、单个动物每年肠道发酵产生的 CH_4 排放因子，以及不同气候区、不同动物类型、单个动物每年因粪便管理产生的 CH_4 排放因子。《2006 IPCC 指南》中的方法 1 并未反映各地的具体情况，也不适用于评估饲养条件改善和粪便处理方式变化对温室气体排放控制的贡献。因此，《2006 IPCC 指南》方法 1 尽管简单，但不适用于支撑畜牧业温室气体控制政策制定，方法 1 适用于一些排放量占比较小的非关键排放源的排放估算。

方法 2 是一种更精准的方法，根据各地动物生产特性、饲料种类、动物采食量、饲料质量、消化率、粪便氮排泄量、粪便管理方式等实际参数来确定本地区的动物肠道发酵和粪便管理温室气体排放因子。方法 2 通过获取动物不同子类别的特征和性能的更详细信息来估算温室气体排放量。例如，计算奶牛的肠道发酵 CH_4 排放，需要收集动物体重、体重增加、饲料消化率、产奶量等数据用于估算动物维持特定性能水平所需的采食量（干物质或总能量），然后通过能量摄入乘以 CH_4 转化因子（每单位能量摄入的 CH_4 排放量）的方法，将摄入量转换为 CH_4 排放量。这种转化因子随着动物饮食的变化而变化。因此，方法 2 能够更好地反映不同生产系统或地区的管理实践、饲料特性和动物生产力所带来的温室气体排放特征。如果管理实践或生产力的数据得到更新，使用方法 2 估算的每头（只）动物的排放量也会随着时间而变化，以反映管理实践和动物生产效率变化对温室气体排放的影响。因此，方法 2 可更好地描述动物温室气体排放特征，帮助决策者制定减排政策，可为国家自主贡献中农业减排行动和减排效果定量评价提供支撑。方法 2 对于了解畜牧业发展和气候变化减缓政策对本行业排放的影响至关重要。

根据数据的可获得性和排放量的占比情况，需要选择合适的方法进行畜牧业温室气体排放量核算，方法选择见图 2-1 的决策树。

5. 关键排放源的确定

关键排放源是对温室气体排放的绝对水平、趋势及不确定性有重大影响的排放源。需要在清单编制过程重点关注并采用较高层级的方法进行核算。《2006 IPCC 指南》推荐了两种关键源识别方法。本书推荐使用预先确定的累计排放阈值确定关键排放源类别的方法。

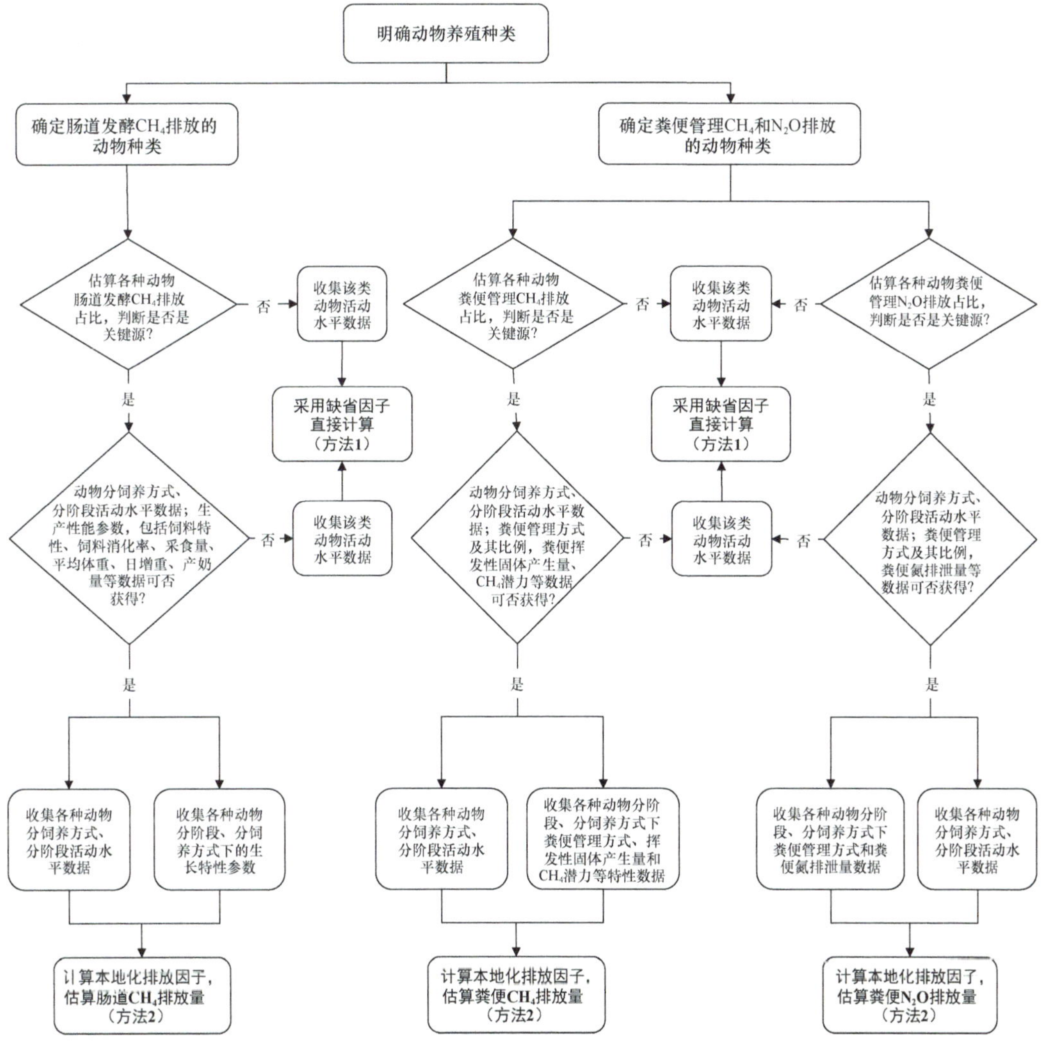

图 2-1　畜牧业温室气体清单核算方法选择决策树

将某一类排放源所涉及的动物种类乘以排放因子获得该种动物在该类排放源的温室气体排放比例，将排放比例估计数值按降序排列，然后以排放比例的绝对数量大小降序相加，使累计值达到总排放量的 95%的源确定为关键源。

当具有连续几年的国家、省或市县级的排放清单数据时，应根据各排放源对该行业排放总量贡献的比例和排放趋势确定关键源；如果没有连续的清单数据，可根据各种动物排放占所有动物该类排放的比例确定关键源。不同动物的排放量可采用公布的相近年份中国畜牧业温室气体清单中肠道发酵 CH_4 排放因子、粪便管理 CH_4 排放因子和粪便管理 N_2O 排放因子全国平均值乘以对应的动物年末存栏量计算得到。如果国家公布的畜牧业温室气体清单中没有相应的排放因子，也可采用 IPCC 指南提供的缺省排放因子或者其他公开出版文献的数据进行估算，用于确定关键排放源。

6. 肠道发酵 CH_4 排放核算方法

根据我国畜牧业现状，肠道发酵 CH_4 排放源包括奶牛、肉牛、水牛、牦牛、其他牛、山羊、绵羊、马、驴、骡、骆驼、生猪共 12 种家畜，各省（市县）在畜牧业温室气体核算中可根据实际的畜禽养殖情况确定。反刍动物是主要的肠道发酵 CH_4 排放源，2021 年 12 月农业农村部印发了《“十四五”全国畜牧兽医行业发展规划》，明确提出进一步优化产业结构和区域布局，畜牧业综合生产能力和供应保障能力大幅提升，牛羊肉自给率保持在 85%左右，牛肉、羊肉产量分别稳定在 680 万 t 和 500 万 t 左右；奶源自给率达到 70%以上，奶类产量稳定在 3600 万 t 左右，存栏 100 头以上奶牛规模养殖比例超过 70%。畜禽规模化水平提升、生产性能提升和肠道发酵 CH_4 减排技术应用将为我国畜产品有效供给和畜牧业温室气体控制行动实施提供有力支撑。

反刍动物肠道发酵 CH_4 排放量受动物类别、年龄、体重、采食饲料数量及质量、生长及生产水平的影响，其中采食量和饲料质量是最重要的影响因子。与单胃动物相比，由于反刍动物瘤胃容积大、寄生的微生物种类多、能分解纤维素，单个动物产生的 CH_4 排放量大，是动物肠道发酵 CH_4 排放的主要排放源。

按照图 2-1 的决策树方法，并根据关键源判定和数据的可获得性决定是否采用 IPCC 方法 2 估算动物肠道发酵 CH_4 排放。一般情况下，奶牛、肉牛、水牛、山羊、绵羊都是关键排放源，应采用方法 2 来核算其肠道发酵 CH_4 排放。

生猪是我国最主要的畜种，各地的养殖量都较高，但是由于生猪属于单胃动物，饲料在肠道中的停留时间短且以精饲料为主，因此，生猪肠道发酵 CH_4 排放宜采用方法 1，其他动物如马、驴、骡、骆驼因饲养量小，部分关键特性参数获取较困难，也宜采用方法 1 核算。

6.1 动物肠道发酵 CH_4 排放核算

动物肠道发酵 CH_4 排放量等于清单编制范围内（全国、省级、市县级）的不同畜种、不同饲养类型、不同生长阶段肠道发酵 CH_4 排放量的求和，按公式（2-1）计算：

$$E_{\mathrm{CH_4\_EN}} = \sum_{(i,T,P)} EF_{\mathrm{CH_4\_EN}(i,T,P)} \cdot \left(\frac{N_{(i,T,P)}}{10^3} \right) \tag{2-1}$$

式中，$E_{\mathrm{CH_4\_EN}}$——动物肠道发酵产生的 CH_4 排放量，t CH_4·年$^{-1}$；

$EF_{\mathrm{CH_4\_EN}(i,T,P)}$——第 i 种动物在第 T 生长阶段第 P 种饲养方式下肠道发酵 CH_4 排放因子，kg CH_4·头$^{-1}$·年$^{-1}$；

$N_{(i,T,P)}$——第 i 种动物在第 T 生长阶段第 P 种饲养方式下的活动数据，即年均存栏量，头；

i——动物种类代号；

T——动物生长阶段代号（当年生仔畜、其他成年畜、繁殖母畜）。

P——饲养方式代号（规模化饲养、农户饲养、放牧饲养）；

6.2　非关键排放源肠道发酵 CH_4 排放因子的确定

根据《2006 IPCC 指南》，对于非关键排放源，其肠道发酵 CH_4 排放因子直接选择缺省值，根据编制国家畜牧业温室气体清单经验，肠道发酵 CH_4 排放所涉及的非关键排放源的排放因子缺省值如表 2-1 中所列。

表 2-1　非关键排放源肠道发酵 CH_4 排放因子缺省值　（单位：kg CH_4·头$^{-1}$·年$^{-1}$）

动物种类	生猪	牦牛	其他牛	马	驴、骡	骆驼
排放因子	1.5	30.0	44.0	18.0	10.0	46.0

6.3　关键排放源肠道发酵 CH_4 排放因子的确定

对于关键排放源，肠道发酵 CH_4 排放因子根据其生长特性和相关参数计算获得，采用《2006 IPCC 指南》提供的基本公式进行计算。详细计算见公式（2-2）至公式（2-21）：

$$EF_{CH_4\_EN(i,T,P)} = \left(GE_{(i,T,P)} \cdot \frac{Y_{m(i,T,P)}}{100} \cdot 365 \right) / 55.65 \tag{2-2}$$

式中，$EF_{CH_4\_EN(i,T,P)}$——第 i 种动物在第 T 生长阶段第 P 种饲养方式下肠道发酵 CH_4 排放因子，kg CH_4·头$^{-1}$·年$^{-1}$；

$GE_{(i,T,P)}$——第 i 种动物在第 T 生长阶段第 P 种饲养方式下每天摄取的饲料总能，MJ·头$^{-1}$·天$^{-1}$；

$Y_{m(i,T,P)}$——第 i 种动物在第 T 生长阶段第 P 种饲养方式下 CH_4 转化因子，即采食饲料中总能转化成甲烷能的比例，%；

365——一年的总天数，天·年$^{-1}$；如果某种动物的饲养天数小于 365 天，需要进行存栏量的折算；

55.65——CH_4 的能值，MJ·(kg CH_4)$^{-1}$。

6.4　摄取的饲料总能（GE）的确定

动物摄入总能与动物种类、生长性能和饲料特性等多种因素有关，IPCC 指南推荐了两种计算方法，一是利用有关生长特性参数计算获得总能，二是直接调查不同动物在不同生长阶段的干物质摄入量计算总能，鼓励各省（市县）采用动物生长特性参数计算总能，在相关数据无法获取的情况下，再采用干物质摄入量的方法计算总能。

根据《2006 IPCC 指南》提供的计算公式和典型调查获得的反刍动物生产参数可以确定动物摄取的饲料总能。计算公式（2-3）如下：

$$GE = \left(\frac{NE_m + NE_a + NE_l + NE_{work} + NE_p}{REM} + \frac{NE_g + NE_{wool}}{REG} \right) \Big/ \left(\frac{DE}{100} \right) \tag{2-3}$$

式中，GE——动物摄取饲料的总能，MJ·头$^{-1}$·天$^{-1}$；

NE_m——动物的维持净能，MJ·头$^{-1}$·天$^{-1}$；

NE_a——动物的活动净能，MJ·头$^{-1}$·天$^{-1}$；

NE_g——动物的生长净能，MJ·头$^{-1}$·天$^{-1}$；

NE_l——动物的泌乳净能，MJ·头$^{-1}$·天$^{-1}$；

NE_{work}——动物的劳动净能，MJ·头$^{-1}$·天$^{-1}$；

NE_{wool}——羊产毛所需净能，MJ·头$^{-1}$·天$^{-1}$；

NE_p——动物妊娠需要的净能，MJ·头$^{-1}$·天$^{-1}$；

REM——日粮中维持净能与可消化能之比；

REG——日粮中生长净能与可消化能之比；

DE——饲料消化率，%。

注：动物饲料总能按饲养方式和生长阶段分别进行计算，上述公式和主要参数未标注动物类型（i）、饲养方式（P）和生长阶段（T），以下各净能的计算也未标注子类代码。

随着养殖水平和饲养营养管理技术的不断提升，动物饲料消化率也会不断提升，为了真实反映技术的进步，不同区域、不同动物的饲料消化率应定期通过典型调查获取并定期更新，如不能获取，参照表 2-2 列出的《中华人民共和国气候变化第三次国家信息通报》中推荐的不同动物、不同饲养方式的饲料消化率。

表 2-2 不同动物、不同饲养方式的饲料消化率 （%）

动物	饲养阶段	规模化饲养	农户饲养	放牧饲养
奶牛	繁殖母畜	70.0	65.0	70.0
	当年生仔畜	70.0	65.0	70.0
	其他成年牛	70.0	65.0	70.0
肉牛	繁殖母畜	65.0	65.0	65.0
	当年生仔畜	65.0	65.0	70.0
	其他成年牛	65.0	60.0	65.0
水牛	繁殖母畜	60.0	60.0	—
	当年生仔畜	60.0	60.0	—
	其他成年牛	60.0	60.0	—
绵羊	繁殖母畜	65.0	60.0	65.0
	当年生仔畜	65.0	60.0	65.0
山羊	繁殖母畜	60.0	60.0	60.0
	当年生仔畜	60.0	60.0	60.0
生猪	繁殖母畜	70.0	70.0	—
	当年生仔畜	75.0	72.0	—

注：“—”表示该种动物无此种饲养方式，本部分同。

6.4.1 维持净能

动物维持净能指动物处于平衡状态，体内组织既不增加，也不减少时所需要的能量，主要与动物体重有关，根据《2006 IPCC 指南》，计算如公式（2-4）：

$$NE_m = Cf_i \cdot (BW)^{0.75} \tag{2-4}$$

式中，NE_m——动物的维持净能，MJ·头$^{-1}$·天$^{-1}$；

Cf_i——维持净能系数，具体系数直接采用《2006 IPCC 指南》的数据，见表 2-3；

BW——动物活体重，kg。

表 2-3 计算维持净能系数（IPCC，2006） （单位：MJ·kg^{-1}·天$^{-1}$）

动物种类与饲养阶段	Cf_i
奶牛、肉牛、水牛（繁殖母畜中的干奶牛、其他成年牛、当年生仔畜）	0.322
奶牛、肉牛、水牛（繁殖母畜中的泌乳奶牛）	0.386
奶牛、肉牛、水牛（公牛）及其他牛	0.370
羊（从羊羔到 1 岁）	0.236
羊（大于 1 岁）	0.217

6.4.2 活动净能

动物活动净能指满足动物活动或动物获得食物、水或庇护场所需要的能量，它主要与饲养方式有关，根据《2006 IPCC 指南》，牛的活动净能按公式（2-5）计算，羊的活动净能按公式（2-6）计算：

$$NE_a = C_a \cdot NE_m \tag{2-5}$$

式中，NE_a——动物的活动净能，MJ·头$^{-1}$·天$^{-1}$；

NE_m——动物的维持净能，MJ·头$^{-1}$·天$^{-1}$；

C_a——与动物饲养方式对应的活动系数，具体系数直接采用《2006 IPCC 指南》的数据，见表 2-4。

$$NE_a = C_a \cdot (Weight) \tag{2-6}$$

式中，NE_a——动物的活动净能，MJ·头$^{-1}$·天$^{-1}$；

C_a——与动物饲养方式对应的活动系数，具体系数直接采用《2006 IPCC 指南》的数据，见表 2-4；

$Weight$——动物的平均体重，kg。

表 2-4 动物不同饲养方式对应的活动系数（IPCC，2006）

饲养方式		定义	C_a
奶牛、肉牛和水牛（C_a 的单位为无量纲）			
舍饲饲养	规模化	动物被限制在很小的范围内（即拴系、定位栏、小群栏等），这样动物获取食物消耗的能量很少。	0
	农户		
放牧饲养	牧场放养	在一定范围内有充足牧草供应的牧场放养，动物获取食物消耗的能量适中。	0.17
	自由放牧	动物在山地或丘陵地带放牧，动物获取食物消耗的能量很大。	0.36

续表

饲养方式		定义	C_a
羊（C_a的单位为$MJ\cdot天^{-1}\cdot kg^{-1}$）			
舍饲饲养	规模化（怀孕母羊）	怀孕母羊在孕期最后三个月一般圈养。	0.009
	农户（怀孕母羊）		
	育肥羔羊	羔羊舍饲育肥。	0.0067
放牧饲养	平原放牧	家畜每天行走达 1000 m，获取食物消耗的能量很小。	0.0107
	丘陵放牧	家畜每天行走达 5000 m，获取食物消耗的能量很大。	0.0240

6.4.3 生长净能

生长净能是指动物生长（如体重增加）所需要的能量。根据《2006 IPCC 指南》，牛的生长净能按公式（2-7）计算，羊的生长净能按公式（2-8）计算：

$$NE_g = 22.02 \cdot \left(\frac{BW}{C \cdot MW}\right)^{0.75} \cdot WG^{1.097} \tag{2-7}$$

式中，NE_g——动物的生长净能，$MJ\cdot头^{-1}\cdot天^{-1}$；

BW——动物的平均活体重，kg；

C——系数，奶牛为 0.8，阉割公牛为 1.0，公牛为 1.2；

MW——成年牛在身体状况中等时的成熟活体重，kg；

WG——牛平均日增重，$kg\cdot头^{-1}\cdot天^{-1}$。

$$NE_g = \frac{WG_{lamb} \cdot \left[a + 0.5 \cdot b \cdot \left(BW_i + BW_f\right)\right]}{365} \tag{2-8}$$

式中，NE_g——羊生长所需要的净能，$MJ\cdot头^{-1}\cdot天^{-1}$；

WG_{lamb}——羊的增重，$kg\cdot头^{-1}\cdot天^{-1}$；

BW_i——断奶时的活体重，kg；

BW_f——一岁时的活体重，或屠宰时的活体重（如果一岁前被屠宰），kg；

a，b——常数，如表 2-5 中所示。

注意：羔羊在断奶期内可能会以牧草饲喂或人工饲喂辅助奶料。断奶时间应计为羔羊所摄入的一半的能量来源于乳汁时。

表 2-5 羊 NE_g 计算公式中所用的常数（IPCC，2006） （单位：$MJ\cdot kg^{-1}$）

动物种类	a	b
未阉割公羊	2.5	0.35
阉割公羊	4.4	0.32
母羊	2.1	0.45

6.4.4 泌乳净能

泌乳净能是指动物泌乳所需要的能量。对奶牛和水牛，泌乳净能用产奶量和乳脂率百分数（%）的函数表达，根据《2006 IPCC 指南》，计算如公式（2-9）：

$$NE_l = M_{milk} \cdot (1.47+0.40 \cdot F_{fat}) \tag{2-9}$$

式中，NE_l——泌乳净能，MJ·头$^{-1}$·天$^{-1}$；

M_{milk}——日产奶量，kg·头$^{-1}$·天$^{-1}$；

F_{fat}——乳脂率，%；牛奶中脂肪质量的百分比。

绵羊泌乳净能（NE_l）有两种估算方法。根据《2006 IPCC 指南》，当产奶量已知时采用公式（2-10），当产奶量未知时采用公式（2-11）。

$$NE_l = M_{milk} \cdot EV_{milk} \tag{2-10}$$

式中，NE_l——泌乳净能，MJ·头$^{-1}$·天$^{-1}$；

M_{milk}——日产奶量，kg·头$^{-1}$·天$^{-1}$；

EV_{milk}——生产 1 kg 羊奶所需的净能。当乳脂率为 7%（按重量）时可采用缺省值 4.6MJ·kg^{-1}。

$$NE_l = \frac{5 \cdot WG_{wean}}{365} \cdot EV_{milk} \tag{2-11}$$

式中，NE_l——泌乳净能，MJ·头$^{-1}$·天$^{-1}$；

WG_{wean}——羊羔从出生到断奶间的增重，kg；

EV_{milk}——生产 1 kg 羊奶所需的净能。可采用缺省值 4.6 MJ·kg^{-1}。

6.4.5　劳动净能

劳动净能是指动物劳动需要的净能，部分省份农户饲养的牛会有劳役生产活动，在此过程需要消耗能量，根据《2006 IPCC 指南》，计算如公式（2-12）：

$$NE_{work} = 0.10 \cdot NE_m \cdot H \tag{2-12}$$

式中，NE_{work}——牛的劳动净能，MJ·头$^{-1}$·天$^{-1}$；

NE_m——牛的维持净能，MJ·头$^{-1}$·天$^{-1}$；

H——每日劳动时数，小时。

6.4.6　产羊毛所需净能

产羊毛所需净能是指羊产毛需要的净能，在此过程需要消耗能量，根据《2006 IPCC 指南》，计算如公式（2-13）：

$$NE_{wool} = \frac{EV_{wool} \cdot Production_{wool}}{365} \tag{2-13}$$

式中，NE_{wool}——羊产毛所需净能，MJ·头$^{-1}$·天$^{-1}$；

EV_{wool}——产 1kg 毛需要的能量值（晾干后清洗前称量），MJ·kg^{-1}。可用缺省值 24 MJ·kg^{-1}；

$Production_{wool}$——每只羊的年均产毛量，kg·年$^{-1}$。

6.4.7　妊娠需要的净能

妊娠需要的净能是动物怀孕期间的能量需要。将奶牛 281 天妊娠期需要的总能量 NE_p 对全年进行平均，约为 NE_m 的 10%，计算如公式（2-14）；对于羊，需要用同样的方法对 147 天妊娠期的 NE_p 进行估算，但其百分率因生产羊羔数的不同而有所不同，根据《2006 IPCC 指南》，公式如 2-14：

$$NE_p = C_{pregnancy} \cdot NE_m \cdot R_{pregnancy}/100 \quad (2\text{-}14)$$

式中，NE_p——动物妊娠需要的净能，$MJ \cdot 头^{-1} \cdot 天^{-1}$；

NE_m——动物的维持净能，$MJ \cdot 头^{-1} \cdot 天^{-1}$；

$C_{pregnancy}$——妊娠能量需求系数；如表 2-6 所示；

$R_{pregnancy}$——妊娠百分率，%。

当采用 NE_p 计算牛和羊的总能量时，NE_p 估值必须乘以该省份泌乳动物能够怀孕的比例（$R_{pregnancy}$，妊娠百分率）。例如，有 80%的成年母畜在一年中产仔，则 NE_p 值乘以 80%后用于上述总能量公式。

表 2-6　计算 NE_p 所用的常数（IPCC, 2006）

动物种类		$C_{pregnancy}$
牛		0.10
羊	单胎	0.077
	双胎（双胞）	0.126
	三胎或以上（三胞）	0.150

为确定适合的羊系数，需要用母羊单胎、双胎和三胎的比例来估算 $C_{pregnancy}$ 平均值。如果这些数据不适用，系数可以用下述方法计算：

- 如果一年中出生的羔羊数除以全年妊娠母羊数的值小于或等于 1.0，则可以用单胎的妊娠系数。
- 如果一年中出生的羔羊数除以全年妊娠母羊数的值大于 1.0 并小于 2.0，则用下式计算妊娠系数：

$$C_{pregnancy}=[(0.126 \cdot 双胎比例) + (0.077 \cdot 单胎比例)]$$

其中，双胎比例=(出生羔羊/妊娠母羊数)–1；

单胎比例=1–双胎比例。

6.4.8　日粮中维持净能与可消化能之比

对于反刍动物，根据《2006 IPCC 指南》，日粮中维持净能与可消化能之比用公式（2-15）：

$$REM = \left[1.123 - 4.092 \times 10^{-3} \cdot \frac{DE}{100} + 1.126 \times 10^{-5} \cdot \left(\frac{DE}{100}\right)^2\right] - \frac{25.4}{DE/100} \quad (2\text{-}15)$$

式中，REM——日粮中维持净能与可消化能之比；

DE——饲料消化率，%。

6.4.9　日粮中生长净能与可消化能之比

根据《2006 IPCC 指南》，反刍动物日粮中生长净能与可消化能之比用公式（2-16）进行估算：

$$REG = \left[1.164 - 5.160 \times 10^{-3} \cdot \frac{DE}{100} + 1.308 \times 10^{-5} \cdot \left(\frac{DE}{100}\right)^2\right] - \frac{37.4}{DE/100} \quad (2\text{-}16)$$

式中，REG——日粮中生长净能与可消化能之比；

DE——饲料消化率，%。

6.5　利用干物质摄入量计算总能

《2006 IPCC 指南》方法 2 提供了一个简化计算总能的方法，在无法获取相关生产性能参数的情况下，可调研平均采食量和干物质摄入量参数，总能摄入量可按公式（2-17）计算：

$$GE_{(T,P)} = DMI_{(T,P)} \cdot 18.45 \quad (2\text{-}17)$$

式中，$GE_{(T,P)}$——动物在第 T 生长阶段第 P 种饲养方式下摄取饲料的总能，MJ·头$^{-1}$·天$^{-1}$；

$DMI_{(T,P)}$——动物在第 T 生长阶段第 P 种饲养方式下每天摄入饲料的干物质量，kg·头$^{-1}$·天$^{-1}$；

18.45——饲料干物质（DM）与总能的转化系数缺省值，MJ·kg^{-1}；

T——动物生长阶段代号；

P——饲养方式代号。

6.6　CH_4转化率（Y_m）的确定

CH_4转化率的大小和饲料质量及采食水平直接相关，有条件的地方可以进行典型验证测试获取。基于《2006 IPCC 指南》和中国目前饲养状况调查结果，不同饲养方式、不同饲养阶段反刍动物肠道发酵 CH_4 转化率的推荐值如表 2-7 所示。

表 2-7　不同饲养方式和不同饲养阶段 CH_4转化率推荐值　（%）

动物种类	奶牛			肉牛			水牛			绵羊		山羊	
饲养阶段	繁殖母畜	当年生仔畜	其他成年畜	繁殖母畜	当年生仔畜	其他成年畜	繁殖母畜	当年生仔畜	其他成年畜	繁殖母畜	当年生仔畜	繁殖母畜	当年生仔畜
规模化饲养	6.5	6.5	7.0	7.0	6.5	7.0	7.5	6.5	7.5	7.0	6.5	7.0	6.5
农户饲养	6.5	6.5	7.5	7.5	6.5	7.5	7.5	6.5	7.5	7.0	6.5	7.0	6.5
放牧饲养	7.0	6.5	7.0	7.0	6.5	7.0	—	—	—	7.0	6.5	7.0	6.5

准确估算日粮的消化率（DE%）和改进 CH_4 转化率（Y_m）对科学估算肠道发酵 CH_4 排放至关重要。日粮的消化率（DE%）变化 10%可导致 CH_4 排放的变化为 12%～20%（IPCC， 2006）。相关研究表明，产甲烷能占饲料总能的 2%～12%，同样的采食量条件下，日粮的化学组分、采食水平、采食状态都会影响 CH_4转化率。为改进清单质量、降低不确定性，鼓励在科学的基础上，对《2006 IPCC 指南》方法 2 进行完善改进，包括

建立经过验证的机理模型进行温室气体核算。如果对改进的方法 2 或者机理模型进行核算，清单编制机构需要将该方法核算的国家或区域的特定排放因子与《2006 IPCC 指南》计算的排放因子及缺省因子进行交叉验证，如果特定的排放因子与《2006 IPCC 指南》的排放因子差异显著，需要在清单报告中进行解释说明。

7. 粪便管理 CH_4 排放核算方法

根据我国目前畜牧业养殖的情况，中国动物粪便管理 CH_4 排放源包括奶牛、肉牛、水牛、牦牛、其他牛、山羊、绵羊、马、驴、骡、骆驼、生猪、家禽和兔等共 14 种动物，各省或地市在畜牧业温室气体核算中可根据实际的动物养殖情况确定。

粪便管理 CH_4 排放是指在动物粪便施入土壤之前动物粪便贮存和处理所产生的 CH_4。粪便中的碳水化合物在厌氧条件和产甲烷菌的作用下会分解转化为 CH_4。因此，粪便在贮存、处理和利用过程中 CH_4 排放因子取决于粪便特性、粪便管理方式、不同粪便管理方式的使用比例及当地气候条件等。

根据《2006 IPCC 指南》，结合我国动物粪便管理特点，将动物粪便管理方式分为放牧放养/自然消纳、燃料燃烧、固体贮存、运动场风干、堆肥（包括槽式堆肥、容器式堆肥、条垛式堆肥、覆膜堆肥）、垫草垫料、舍内粪坑贮存（>1 个月）、舍内粪坑贮存（≤1 个月）、舍外贮存、厌氧氧化塘、厌氧沼气池（包括沼液露天贮存、沼液密闭贮存）、好氧处理、肉鸡粪便垫料和其他 14 种方式。对于养殖场出售或委托第三方处理的粪便，要追溯其最终的粪便管理方式，并按照最终处理方式进行归类。

7.1 粪便管理 CH_4 排放量核算

根据《2006 IPCC 指南》，粪便管理 CH_4 排放量的计算如公式（2-18）：

$$E_{CH_4\_MM} = \sum_{(i,T,P)} \frac{EF_{CH_4\_MM,(i,T,P)} \cdot N_{(i,T,P)}}{10^3} \quad (2\text{-}18)$$

式中，$E_{CH_4\_MM}$——动物粪便管理过程中产生的 CH_4 排放量，t CH_4·年$^{-1}$；

$N_{(i,T,P)}$——第 i 种动物在第 T 生长阶段第 P 种饲养方式的活动数据，即年均存栏量，头；

$EF_{CH_4\_MM,(i,T,P)}$——第 i 种动物在第 T 生长阶段第 P 种饲养方式的粪便管理 CH_4 排放因子，kg CH_4·头$^{-1}$·年$^{-1}$。

根据关键源判定和数据的可获得性决定是否采用 IPCC 方法 2 估算粪便管理 CH_4 排放。一般情况下，生猪、肉牛、奶牛、水牛、山羊和绵羊宜采用方法 2 进行估算 CH_4 排放因子。虽然我国家禽养殖量很大，但是家禽粪便管理方式以固体为主，不易产生厌氧环境，在国家清单编制中，家禽粪便管理 CH_4 排放采用了方法 1 估算；规模化家禽养殖为主的区域，如果条件允许，可以采用方法 2 计算；对于其他非关键排放源，包括牦牛、其他牛、兔、马、驴、骡、骆驼，建议采用方法 1 估算粪便管理 CH_4 排放。

7.2　非关键排放源粪便管理 CH_4 排放因子的确定

根据《2006 IPCC 指南》，对于非关键排放源，其粪便管理 CH_4 排放因子直接选择缺省值，根据编制国家畜牧业温室气体清单经验，粪便管理 CH_4 排放所涉及的非关键排放源的排放因子缺省值如表 2-8 中所列，寒冷气候区指年平均气温低于 15℃的区域，温和气候区指年平均气温在 15～25℃范围内的区域，温暖气候区指年平均气温高于 25℃的区域。

表 2-8　非关键排放源的粪便管理 CH_4 排放因子缺省值　（单位：kg CH_4·头$^{-1}$·年$^{-1}$）

气候区	牦牛	其他牛	家禽	马	驴、骡	骆驼	兔
寒冷气候区	1.0	1.0	0.01	1.1	0.6	1.3	0.08
温和气候区	1.0	2.0	0.02	1.6	0.9	1.9	0.08
温暖气候区	1.0	2.0	0.02	2.2	1.2	2.6	0.08

7.3　关键排放源的粪便管理 CH_4 排放因子计算

为了保持与肠道发酵 CH_4 排放源的一致性，除对畜禽养殖进行不同畜种、不同饲养方式、不同生长阶段的分类外，还应考虑温度对粪便 CH_4 排放的影响，关键排放源中采用方法 2 估算动物粪便管理 CH_4 排放因子，根据《2006 IPCC 指南》，计算方法如公式（2-19）：

$$EF_{CH_4\_MM,(i,T,P)} = \left(VS_{(i,T,P)} \cdot 365\right) \cdot \left(B_{0(i,P)} \cdot 0.67 \cdot \sum_{(S,K)} \frac{MCF_{(S,K)}}{100} \cdot \frac{MS_{(i,P,S)}}{100}\right) \quad (2\text{-}19)$$

式中，$EF_{CH_4\_MM,(i,T,P)}$——第 i 种动物在第 T 生长阶段第 P 种饲养方式下的粪便管理 CH_4 排放因子，kg CH_4·头$^{-1}$·年$^{-1}$；

$VS_{(i,T,P)}$——第 i 种动物在第 T 生长阶段第 P 种饲养方式下每日挥发性固体排泄量，kg VS·头$^{-1}$·天$^{-1}$；

$B_{0(i,P)}$——第 i 种动物在第 P 种饲养方式下粪便 CH_4 产生潜力，m^3 CH_4·(kg VS)$^{-1}$；

$MCF_{(S,K)}$——粪便管理方式 S、气候区 K 的 CH_4 转化系数，%；

$MS_{(i,P,S)}$——第 i 种动物在第 P 种饲养方式下粪便管理方式 S 的使用比例，%；

0.67——CH_4 的密度，kg·m^{-3}；

i——动物类型代号；

T——饲养阶段代号；

P——饲养方式代号；

S——粪便管理方式代号；

K——气候区代号。

$B_{0(i,P)}$利用 IPCC 指南推荐的缺省值；$MCF_{(S,K)}$通过调研粪便管理方式和所在区域的年平均温度，从 IPCC 指南中取缺省值；$MS_{(i,P,S)}$通过典型调研获得各个区域、不同动物、不同粪便管理方式的使用比例。具体方法如下。

7.3.1 挥发性固体（VS）排泄量的计算

鼓励清单编制单位采用当地特定的挥发性固体含量，在没有当地公开发表的测试数据情况下，可通过调研获得平均日采食量和饲料消化率数据，利用公式（2-20）计算得出挥发性固体排泄量：

$$VS = \left[GE \cdot \left(1 - \frac{DE}{100} \right) + UE \cdot GE \right] \cdot \left(\frac{1 - ASH}{18.45} \right) \tag{2-20}$$

式中，VS——挥发性固体排泄量（干物质），kg VS·头$^{-1}$·天$^{-1}$；

GE——摄取饲料总能，MJ·头$^{-1}$·天$^{-1}$；

DE——饲料消化率，%；

$UE \cdot GE$——GE 的尿的能量，一般认为多数反刍动物和其他家畜排泄的尿中能量为 0.04 GE（对于用谷物含量达到或超过 85%的日粮饲喂的反刍家畜和生猪，降为 0.02），如果可获，则推荐使用当地特定值；

ASH——粪便灰分含量，%；如果可获，推荐使用当地特定值；如果没有当地的特定值，可采用 IPCC 指南推荐的缺省值，取 8%；

18.45——每千克干物质日粮总能的转化因子，MJ·kg^{-1}。

注：动物排泄的挥发性固体需分饲养方式和生长阶段进行计算，上述公式和主要参数未标注动物饲养方式（P）和生长阶段（T）角标。

牛和羊在不同饲养方式下的 GE 取值与肠道发酵 CH_4 排放计算获得的采食总能一致，其他动物的总能通过收集采食干物质量进行确定；DE 根据调研或测定获得当地的特定值，也可根据表 2-2 取推荐值。

7.3.2 CH_4 产生潜力（B_0）

粪便 CH_4 产生潜力（B_0）随动物种类和日粮变化有所不同。如果有公开发表的研究结果，推荐采用当地的特定数据。如果没有特定数据，可选择《2006 IPCC 指南》中推荐的 B_0 缺省值，考虑到我国的生产实际，其中规模化饲养可选用发达国家缺省值，农户饲养和放牧饲养可选择发展中国家缺省值（表 2-9）。

表 2-9 不同动物粪便 CH_4 产生潜力（IPCC，2006） [单位：m^3 CH_4·(kg VS)$^{-1}$]

动物类型	饲养方式		
	规模化饲养	农户饲养	放牧饲养
奶牛	0.24	0.13	0.13
肉牛	0.19	0.10	0.10
水牛	0.19	0.10	—
生猪	0.45	0.29	—
山羊	0.18	0.13	0.13
绵羊	0.19	0.13	0.13
家禽	0.36	0.24	—

7.3.3　粪便管理方式的使用比例

《2006 IPCC 指南》列出了国际上常用的动物粪便管理方式，并给出了每一种粪便管理方式的定义。本指南参考《2006 IPCC 指南》和国内粪便管理实际，列出了常用的粪便管理方式，同时为了进一步明确厌氧发酵沼气生产及沼液管理的方式，参照《2019 IPCC 指南》，根据发酵技术水平、沼气泄漏率、沼液是否覆盖贮存等将厌氧沼气发酵细分成 5 种亚类。为了确保粪便管理 CH_4 排放系数的可获得性，本指南提供了主要粪便管理方式的排放系数。清单编制机构在清单编制过程中，应该基于附表 1～8 选择典型县进行调研，获得动物在不同饲养方式下的各种粪便管理方式及其占比。

7.3.4　CH_4 转化因子（MCF）

CH_4 转化因子为某种粪便管理方式的 CH_4 实际产量占 CH_4 产生潜力的比例，不同粪便管理方式的 CH_4 转化因子受温度影响差别较大。清单编制机构可通过实际测定或调研收集当地特有的 CH_4 转化因子。如果没有特有转化因子，可依据各区域的平均气温，选择合适的 IPCC 指南缺省值，不同气候区域、不同粪便管理方式的 CH_4 转化因子取值见表 2-10。

表 2-10　不同气候区不同粪便管理方式的 CH_4 转化因子缺省值（IPCC，2006）（%）

管理系统		寒冷					温和											温暖		
		≤10℃	11℃	12℃	13℃	14℃	15℃	16℃	17℃	18℃	19℃	20℃	21℃	22℃	23℃	24℃	25℃	26℃	27℃	≥28℃
放牧放养/自然消纳		1.0					1.5											2.0		
燃料燃烧		10.0					10.0											10.0		
固体贮存		2.0					4.0											5.0		
运动场风干		1.0					1.5											2.0		
堆肥	槽式堆肥	0.5					0.5											0.5		
	条垛式堆肥	0.5					1.0											1.5		
	容器式堆肥	0.5					0.5											0.5		
	覆膜堆肥	0.5					0.5											0.5		
猪牛垫草垫料	≤1 个月	3					3											30		
	＞1 个月	17	19	20	22	25	27	29	32	35	39	42	46	50	55	60	65	71	78	80
舍内粪坑贮存	≤1 个月	3					3											30		
	＞1 个月	17	19	20	22	25	27	29	32	35	39	42	46	50	55	60	65	71	78	80
液体贮存	自然结壳	10	11	13	14	15	17	18	20	22	24	26	29	31	34	37	41	44	48	50
	未结壳	17	19	20	22	25	27	29	32	35	39	42	46	50	55	60	65	71	78	80
未覆盖氧化塘		66	68	70	71	73	74	75	76	77	77	78	78	78	79	79	79	79	80	80
覆盖氧化塘		1～10					1～10											1～10		
肉鸡垫料养殖		1.5					1.5											1.5		
好氧处理		0					0											0		
其他		1.0					1.0											1.0		
厌氧沼气处理	低泄漏率，沼液完全密封贮存	1.0																		
	低泄漏率，沼液未完全密封贮存	1.4																		
	低泄漏率，沼液完全开放贮存	3.6					4.4											4.6		
	高泄漏率，沼液未完全密封贮存	10																		
	高泄漏率，沼液完全开放贮存	12					13											13.2		

8. 动物粪便管理 N_2O 排放核算方法

根据中国动物饲养情况，同时考虑统计数据的可获得性，粪便管理 N_2O 排放源与 CH_4 排放一致，主要包括生猪、肉牛、奶牛、水牛、牦牛、其他牛、山羊、绵羊、马、驴、骡、骆驼、家禽和兔等 14 种动物，各省或地市在粪便管理温室气体核算中可根据实际的动物养殖情况确定。

粪便在贮存、处理和利用过程中 N_2O 的排放取决于粪便氮含量、碳含量和水分含量等特性，同时受粪便管理方式、不同粪便管理方式使用比例及当地气候条件等影响。值得注意的是，动物粪便管理 N_2O 直接排放的活动水平数据和粪便管理方式的数据与粪便管理 CH_4 排放一致。

粪便管理 N_2O 排放包括直接排放和间接排放。

8.1 动物粪便管理 N_2O 直接排放核算方法

动物粪便管理 N_2O 直接排放是指在动物粪便施入土壤之前动物粪便贮存和处理所产生的 N_2O 直接排放。动物粪便在贮存和处理过程中 N_2O 直接排放因子主要取决于不同动物每日排泄粪便中氮的含量和不同粪便管理方式所占比例。

根据《2006 IPCC 指南》，不同动物的粪便管理 N_2O 直接排放量的计算如公式（2-21）：

$$E_{\mathrm{N_2O\_D,MM},i}=\left\{\sum_S\left[\sum_{(T,P)}\left(N_{(i,T,P)}\cdot Nex_{(i,T,P)}\right)\cdot\frac{MS_{(i,P,S)}}{100}\right]\cdot EF_{3(S)}\right\}\cdot\frac{44}{28} \tag{2-21}$$

式中，$E_{\mathrm{N_2O\_D,MM},i}$——第 i 种动物粪便管理的 N_2O 直接排放量，kg N_2O·年$^{-1}$；

$N_{(i,T,P)}$——第 i 种动物在第 T 生长阶段第 P 种饲养方式下活动水平数据，头；

$Nex_{(i,T,P)}$——第 i 种动物在第 T 生长阶段第 P 种饲养方式下每年氮的排泄量，kg N·头$^{-1}$·年$^{-1}$；

$MS_{(i,P,S)}$——第 i 种动物在第 P 种饲养方式下粪便管理方式 S 的使用比例，%；

$EF_{3(S)}$——粪便管理方式 S 的 N_2O-N 直接排放因子，kg N_2O-N·(kg N)$^{-1}$；

S——粪便管理方式代号；

i——动物类型代号；

T——动物生长阶段代号；

P——饲养方式代号；

44/28——N_2O 与 N 的转换系数，kg N_2O·(kg N_2O-N)$^{-1}$。

8.1.1 不同粪便管理方式下的 N_2O-N 的排放因子

基于公式（2-21），动物粪便管理 N_2O 直接排放涉及的关键参数包括不同动物的氮排泄量、不同粪便管理方式及其比例、不同粪便管理方式的 N_2O-N 的排放因子，中国目前还没有针对不同粪便管理方式的 N_2O-N 排放因子的系统测定值，本指南采用《2006 IPCC 指南》推荐的不同粪便管理方式的 N_2O-N 排放因子缺省值（表 2-11）。

表 2-11　不同粪便管理方式的 N_2O 直接排放因子（IPCC，2006）[单位：kg N_2O-N·(kg N)$^{-1}$]

管理系统		EF_3
放牧放养/自然消纳		0.02
固体贮存	覆盖/压实	0.01
	填充剂添加	0.005
	添加剂	0.005
运动场自然风干		0.02
液体/污泥贮存	天然结壳	0.005
	没有天然结壳	0
	覆盖	0.005
未覆盖氧化塘		0
覆盖氧化塘		0.005
液体粪污粪坑贮存		0.002
厌氧沼气处理		0.0006
燃料燃烧		0.007
猪牛垫草垫料	不搅拌	0.01
	搅拌	0.07
堆肥	槽式堆肥	0.1
	容器式堆肥	0.006
	覆膜堆肥	0.006
	条垛堆肥	0.005
肉鸡养殖（有垫料或无垫料）		0.001
好氧处理	自然曝气系统	0.01
	强制通风曝气	0.005

8.1.2　动物年均氮排泄量的确定

动物年均氮排泄量是估算 N_2O 排放的主要参数。方法 2 要尽量采用本地的数据参数，本指南推荐两种方法，第一种是根据采食量进行计算，第二种是根据中国现有试验监测获取的各种动物的氮排泄量，部分动物采用《2006 IPCC 指南》中给出氮排泄量推荐值。

当已知动物采食量数据时，可以采用公式（2-22）计算。

$$Nex_{(i,T)} = N_{\mathrm{intake}(i,T)} \cdot \left(1 - N_{\mathrm{retention}(i,T)}\right) \tag{2-22}$$

式中，$Nex_{(i,T)}$——第 i 种动物在 T 生长阶段年均氮排泄量，kg N·头$^{-1}$·年$^{-1}$；

$N_{\mathrm{intake}(i,T)}$——第 i 种动物在 T 生长阶段年均氮摄入量，kg N·头$^{-1}$·年$^{-1}$；

$N_{\mathrm{retention}(i,T)}$——第 i 种动物在 T 生长阶段动物体内和畜产品中氮保留比例，kg N·(kg N intake)$^{-1}$，IPCC 指南推荐的氮留存率见表 2-12。

表 2-12 动物的氮留存率（IPCC，2006） [单位：kg N·(kg N intake)$^{-1}$]

动物类型	氮留存率
奶牛	0.20
其他牛	0.07
水牛	0.07
绵羊	0.10
山羊	0.10
生猪	0.30
家禽	0.30

在动物清单编制过程中也可以根据公式（2-23）计算采食氮量。

$$N_{\text{intake}(i,T)} = \frac{GE}{18.45} \cdot \left(\frac{CP/100}{6.25} \right) \cdot 365 \tag{2-23}$$

式中，$N_{\text{intake}(i,T)}$——第 i 种动物在 T 生长阶段每年饲料氮摄入量，kg N·头$^{-1}$·年$^{-1}$；

GE——摄取饲料总能，MJ·头$^{-1}$·天$^{-1}$。计算方法详见 6.4 节肠道发酵 CH_4 排放部分；

18.45——每千克干物质日粮总能的转化因子，MJ·kg^{-1}。在动物通常食用的草料和谷物饲料中，该值相对恒定；

CP——饲料中粗蛋白的百分比，%；

6.25——饲料中摄取蛋白转换成氮的转换系数，kg 摄取蛋白·(kg N)$^{-1}$。

根据数据的可获得性，如果本地数据缺乏时，本指南所包含的生猪、奶牛、肉牛、水牛的氮排泄量数据使用《第二次全国污染源普查产排污系数手册 • 农业源》提供的数据，该系数是依据全国布置的 200 余个监测点的监测结果，并按照日均排放量乘以 365 天获得各种动物年均氮排泄量（表 2-13）；其他动物粪便的氮排泄量则采用《1996 IPCC 指南》给出的缺省值。

表 2-13 不同动物粪便年均氮排泄量推荐值 （单位：kg·头$^{-1}$·年$^{-1}$）

动物类型		氮排泄量	数据来源
奶牛	当年生仔畜	18.6	《第二次全国污染源普查产排污系数手册 • 农业源》
	其他成年畜	47.1	
	繁殖母畜	85.1	
肉牛	当年生仔畜	16.5	
	其他成年畜	39.2	
	繁殖母畜	34.5	
水牛	当年生仔畜	16.5	
	其他成年畜	39.2	
	繁殖母畜	34.5	
生猪	保育	5.2	
	育肥	14.0	
	繁殖母畜	18.4	

续表

动物类型	氮排泄量	数据来源
绵羊	10.7	《1996 IPCC 指南》
山羊	12.5	
牦牛	39.6	
其他牛	39.6	
家禽	0.4	
兔	8.1	
马、骆驼	40.0	
驴、骡	40.0	

8.2　动物粪便管理 N_2O 间接排放清单编制方法

动物粪便管理 N_2O 间接排放是指在动物粪便施入土壤之前，动物粪便贮存和处理中产生的氨气和氮氧化物气体排放，以及淋溶和径流过程中的氮流失造成的 N_2O 间接排放。动物粪便管理 N_2O 间接排放的计算如公式（2-24）：

$$E_{N_2O\_ID,MM} = N_2O_{volatilization,MM} + N_2O_{leach,MM} \tag{2-24}$$

式中，$E_{N_2O\_ID,MM}$——粪便管理的 N_2O 间接排放量，kg $N_2O\cdot$年$^{-1}$；

$N_2O_{volatilization,MM}$——粪便管理中由于氮挥发导致的 N_2O 的间接排放，kg $N_2O\cdot$年$^{-1}$；

$N_2O_{leach,MM}$——粪便管理中由于淋溶和径流导致的 N_2O 的间接排放，kg $N_2O\cdot$年$^{-1}$。

8.2.1　氮挥发造成的 N_2O 间接排放的计算

根据《2006 IPCC 指南》，动物粪便在贮存和处理过程中氮挥发 N_2O 间接排放计算如公式（2-25）：

$$N_2O_{volatilization,MM} = N_{volatilization,MM} \cdot EF_4 \cdot \frac{44}{28} \tag{2-25}$$

式中，$N_2O_{volatilization,MM}$——粪便管理中由于氮挥发导致的 N_2O 的间接排放，kg $N_2O\cdot$年$^{-1}$；

$N_{volatilization,MM}$——动物粪便中通过 NH_3 和 NO_x 挥发导致的氮损失量，kg N·年$^{-1}$；

EF_4——在土壤和水体表面的大气沉降氮的 N_2O 排放因子，kg N_2O-N·(kg 挥发 NH_3-N + NO_x-N)$^{-1}$，本指南采用《2006 IPCC 指南》推荐的缺省值，详见表 2-14。

表 2-14　粪便管理 N_2O 间接排放、挥发和淋溶径流缺省值

因子	缺省值	不确定性范围
EF_4（氮挥发和再沉降），kg N_2O-N·(kg 挥发 NH_3-N + NO_x-N)$^{-1}$	0.010	0.002～0.05
EF_5（淋溶或径流），kg N_2O-N·(kg 淋溶和径流 N)$^{-1}$	0.0075	0.0005～0.025
$Frac_{GASM}$（施用粪肥氮、放牧动物排泄氮的挥发），(kg NH_3-N + NO_x-N)·(kg 施用或排泄 N)$^{-1}$	0.20	0.05～0.5
$Frac_{leach,MS}$（淋溶和径流的氮损失，适用于雨季雨水量－同时期的蒸发量＞土壤持水量区域，或进行灌溉区域），kg N·(kg 粪肥使用或放牧动物排泄的 N)$^{-1}$	0.30	0.1～0.8

排放因子主要取决于不同动物每日排泄粪便中氮导致的氮挥发量，氮挥发量计算如公式（2-26）：

$$N_{\text{volatilization,MM}}=\sum_{S}\left\{\sum_{(i,T,P)}\left[\left(N_{(i,T,P)}\cdot Nex_{(i,T,P)}\cdot\frac{MS_{(i,P,S)}}{100}\right)\cdot\left(\frac{Frac_{\text{GasMS}(i,P,S)}}{100}\right)\right]\right\} \quad (2\text{-}26)$$

式中，$N_{\text{volatilization,MM}}$——动物粪便中通过 NH_3 和 NO_x 挥发导致的氮损失量，kg N·年$^{-1}$；

$N_{(i,T,P)}$——第 i 种动物在第 T 生长阶段第 P 种饲养方式下活动水平数据，头；

$Nex_{(i,T,P)}$——第 i 种动物在第 T 生长阶段第 P 种饲养方式下每年氮的排泄量，kg N·头$^{-1}$·年$^{-1}$；

$MS_{(i,P,S)}$——第 i 种动物在第 P 种饲养方式下粪便管理方式 S 的使用比例，%；

$Frac_{\text{GasMS}(i,P,S)}$——第 i 种动物在第 P 种饲养方式粪便管理方式 S 下由于气体挥发造成氮损失的比例，%；部分粪便管理方式推荐值详见表 2-15，对于表中没有包括的粪便管理方式，统一取值 20%。

表 2-15　粪便管理中由于 NH_3 和 NO_x 的挥发导致的氮损失量比例的缺省值（IPCC，2006）

动物种类	粪便管理系统	粪便管理中由于 NH_3 和 NO_x 的挥发导致的氮损失量的比例（$Frac_{\text{GasMS}}$ 范围）/%
生猪	厌氧氧化塘	40（25～75）
	粪坑贮存	25（15～30）
	垫料养殖	40（10～60）
	液体贮存	48（15～60）
	固体贮存	45（10～65）
奶牛	厌氧氧化塘	35（20～80）
	液体贮存	40（15～45）
	粪坑贮存	28（10～40）
	干化场	20（10～35）
	固体贮存	30（10～40）
家禽	无垫料养殖	55（40～70）
	厌氧氧化塘	40（25～75）
	垫料养殖	40（10～60）
其他牛	干化场	30（20～50）
	固体存贮	45（10～65）
	垫料养殖	30（20～40）
其他动物	垫料养殖	25（10～30）
	固体贮存	12（5～20）

8.2.2　淋溶和径流氮损失造成的 N_2O 间接排放的计算

根据《2006 IPCC 指南》，动物粪便在贮存和处理过程中淋溶和径流产生的 N_2O 间接排放计算如公式（2-27）：

$$N_2O_{\text{leach,MM}} = \left(N_{\text{leach,MM}} \cdot EF_5\right) \cdot \frac{44}{28} \tag{2-27}$$

式中，$N_2O_{\text{leach,MM}}$——粪便管理中由于氮淋溶和径流导致的 N_2O 的间接排放，kg N_2O·年$^{-1}$；

$N_{\text{leach,MM}}$——粪便中由于淋溶和径流导致的氮损失量，kg N·年$^{-1}$；

EF_5——在土壤和水体表面淋溶和径流的 N_2O 排放因子，kg N_2O-N·(kg 淋溶和径流 N)$^{-1}$。本指南采用《2006 IPCC 指南》推荐的缺省值，见表 2-14。

排放因子主要取决于不同动物每日排泄粪便中氮淋溶径流量，淋溶径流导致的氮损失量计算如公式（2-28）：

$$N_{\text{leach,MM}} = \sum_S \left\{ \sum_{(i,T,P)} \left[\left(N_{(i,T,P)} \cdot Nex_{(i,T,P)} \cdot \frac{MS_{(i,P,S)}}{100} \right) \cdot \left(\frac{Frac_{\text{leach,MS}(i,P,S)}}{100} \right) \right] \right\} \tag{2-28}$$

式中，$N_{\text{leach,MM}}$——动物粪便中通过淋溶和径流导致的氮损失量，kg N·年$^{-1}$；

$N_{(i,T,P)}$——第 i 种动物在第 T 生长阶段第 P 种饲养方式下活动水平数据，头；

$Nex_{(i,T,P)}$——第 i 种动物在第 T 生长阶段第 P 种饲养方式下每年氮的排泄量，kg N·头$^{-1}$·年$^{-1}$；

$MS_{(i,P,S)}$——第 i 种动物在第 P 种饲养方式下粪便管理方式 S 的使用比例，%；

$Frac_{\text{leach,MS}(i,P,S)}$——第 i 种动物在第 P 种饲养方式，粪便管理方式 S 下由于淋溶和径流造成氮损失的比例，%。本指南直接取 IPCC 缺省值 30，但在蒸发大于降水的省份此值为 0，详见表 2-14。

9. 不确定性

不确定性估算是一个完整排放清单的基本要素之一。不确定性信息并非用于争论清单估算的正确与否，而是为帮助确定未来改进清单准确性的优先努力方向，并指导有关方法学选择。因此，用来核算不确定性的方法必须实用、具有科学依据，可被应用于不同的源种类、方法和国情，并且以易于理解的方式提供给清单用户。

9.1　不确定性来源

很多原因会导致温室气体排放和清除的清单估算与真实数值不同。根据《2006 IPCC 指南》，清单编制者应当考虑 8 类主要的不确定性原因，包括完整性缺乏、模型估算、数据缺乏、数据缺乏代表性、统计随机取样误差、测量误差、错误报告或分类、数据丢失等引起的不确定性。但是一些不确定性原因，如取样误差或仪器准确性的局限性可能产生界定明确的、容易描述特性的潜在不确定性的范围估算。其他不确定性原因（如偏差）可能更难识别和量化。

活动水平数据相关的不确定性。活动水平数据通常由国家统计机构定期收集和公布，而作为收集数据步骤的一部分，统计机构可能已对与数据有关的不确定性进行了评估，建议直接使用统计机构提供的不确定性。

排放因子相关的不确定性。在理想情况下，排放因子的不确定性范围都能从特定排放源的测量数据中计算出来。但是，由于不可能以这种方式测量每一种排放源，需要从发表的参考文献获得的排放因子及其相应的不确定性，或者通过计算排放因子的相关参数统计分析结果估算不确定性。

9.2 不确定性的估算方法

首先确定各个排放源的不确定性，然后将所有排放源的不确定性合并分析，得出年份清单的不确定性。

《2006 IPCC 指南》提供了估算不确定性的两种方法：方法 1 使用简单的误差传播公式进行核算，而方法 2 使用了蒙特卡洛或类似的技术。两种方法均可用于排放源或吸收汇，但要取决于每种方法和信息资源可获得性的假设和限制。考虑到畜牧业温室气体清单的实际，本指南推荐采用误差传播公式进行核算畜牧业的不确定性。

误差传播方程提供了不同的不确定性计算方法，即根据乘法或加法计算互不相关排放源的不确定性。

当用乘法获得排放量时，根据《2006 IPCC 指南》，不确定性计算如公式（2-29）：

$$U_{\text{total}} = \sqrt{U_1^2 + U_2^2 + \ldots + U_n^2} \tag{2-29}$$

式中，U_{total}——相乘获得排放量时的不确定性，以百分比表示；

U_i——排放量相关参数的不确定性，如活动水平、排放因子的不确定性，以百分比表示，$i = 1, 2, \cdots, n$。

当加法获得排放量时，根据《2006 IPCC 指南》，不确定性计算如公式（2-30）：

$$U_{\text{total}} = \frac{\sqrt{(U_1 \cdot x_1)^2 + (U_2 \cdot x_2)^2 + \cdots + (U_n \cdot x_n)^2}}{x_1 + x_2 + \cdots + x_n} \tag{2-30}$$

式中，U_{total}——相加获得排放量时的不确定性，以百分比表示；

U_i——单个排放源的排放量的不确定性，如奶牛、猪的排放量的不确定性，以百分比表示，$i = 1, 2, \cdots, n$；

x_i——相应排放源的排放量，如奶牛、肉牛的排放量，$i = 1, 2, \cdots, n$。

温室气体清单主要是排放因子和活动水平数据的乘积之和。根据情况选用公式 2-29 或公式 2-30 估算动物的肠道发酵和粪便管理的不确定性，或者肠道发酵 CH_4、粪便管理 CH_4 与 N_2O 排放总清单的不确定性。

第三部分　温室气体清单编制数据需求及监测收集方法

1. 动物分类

考虑到中国动物的饲养量大，各地品种和生产水平差别较大，饲料种类多样，基于《2006 IPCC 指南》对动物进行了进一步分类。根据中国畜牧业生产特点，将动物饲养分为农户饲养、规模化饲养和放牧饲养三种饲养方式，同时考虑动物不同生长阶段对动物肠道发酵 CH_4 排放、粪便管理 CH_4 和 N_2O 排放的影响。

1.1　饲养方式分类

奶牛、肉牛、绵羊、山羊分为规模化饲养、农户饲养和放牧饲养，生猪、水牛、肉鸡、蛋鸡分为规模化饲养和农户饲养，其中：

- 规模化饲养：指单个养殖场（区）奶牛存栏≥100 头，肉牛和水牛年出栏≥50 头，羊年出栏≥100 只，生猪年出栏≥500 头，肉鸡年出栏≥10 000 只，蛋鸡存栏≥2000 只。
- 放牧饲养：指饲养在中国行政区划划定的 13 个省（自治区）266 个牧区、半牧区县中放牧饲养的奶牛、肉牛、牦牛、山羊、绵羊，不包括牧区、半牧区县中舍饲规模化饲养的动物。
- 农户饲养：指单个家庭养殖的动物，一般指农区小于规模饲养量标准的养殖都计入农户饲养。

1.2　生长阶段分类

根据各地养殖业现状和数据的可获得性，可重新划分动物的饲养阶段。例如，将牛的生长和育肥两阶段合并为其他成年牛；生猪的育成、育肥合并为育成育肥；羊直接划分为当年生仔畜和繁殖母畜。

- 奶牛、肉牛、水牛分为犊牛、育成、青年/育肥和繁殖母畜 4 个生长阶段。
- 生猪分为保育、育成、育肥、繁殖母畜 4 个生长阶段。
- 山羊、绵羊分为育成、育肥、繁殖母畜 3 个生长阶段。
- 家禽中蛋鸡分为育雏育成、产蛋鸡；肉鸡不分阶段。

2. 温室气体清单数据需求及参数定义

根据温室气体清单编制的需要，采用方法 2 需要收集的参数见表 3-1，包括动物数量参数、生产性能参数、饲料相关参数，以及粪便特征和粪便管理参数。

表 3-1 收集参数的内容及定义

序号	主要参数	单位	说明/定义
1. 活动参数			
1.1	养殖数量	头	各畜种年末存栏量
1.2	成年母畜数量	头	成年母畜年末存栏量
1.3	断奶仔畜数量	头	断奶仔畜年末存栏量
1.4	其他动物数量	头	其他动物年末存栏量
1.5	规模化饲养占比	%	不同动物规模化饲养动物数占总动物数比例
1.6	农户饲养占比	%	不同动物农户饲养动物数占该种动物数比例
1.7	放牧饲养占比	%	不同动物放牧饲养动物数占该种动物数比例
2. 生产性能			
2.1	平均体重	kg	不同畜种全群平均活体重的加权平均
2.2	成年母畜体重	kg	成年母畜平均活体重
2.3	幼畜出生体重	kg	幼畜出生时平均活体重
2.4	幼畜断奶体重	kg	幼畜断奶时平均活体重
2.5	其他动物体重	kg	生产期间的平均活体重
2.6	日增重	$kg·头^{-1}·天^{-1}$	平均每日增重。仅适用于生长中的动物
2.7	产奶量	$kg·头^{-1}·天^{-1}$	年平均日产奶量。这是全年的平均值，而不是每个泌乳期的平均值
2.8	牛奶脂肪含量	%	牛奶平均脂肪含量。仅适用于繁殖奶牛和繁殖母牛
2.9	牛奶蛋白质含量	%	牛奶平均蛋白质含量。仅适用于繁殖母牛
2.10	繁殖母畜妊娠率	%	繁殖母畜的妊娠分娩比例
2.11	工作时间	$小时·天^{-1}$	年均每天工作小时数。仅适用于成年牛
2.12	产毛量	$kg·年^{-1}$	羊的年平均产毛量
3. 饲料特性			
3.1	饲料消化率	%	可消化能量占总能的百分比
3.2	日粮粗蛋白含量	%	日粮平均粗蛋白含量
3.3	精饲料占比	%	动物摄入的精饲料占摄入饲料中的比例（以干基计）
3.4	采食量	$kg·天^{-1}$	指不同生长阶段的动物每天摄入的饲料量
4. 粪便特征及管理			
4.1	氮排泄量	$kg·年^{-1}$	指生猪和奶牛等不同动物每年的氮排泄量
4.2	挥发性有机物产生量	$kg·天^{-1}$	指生猪和奶牛等不同动物每天粪便排泄的挥发性固体量
4.3	粪便管理方式的比例	%	不同地区不同粪便管理系统的各类动物粪便的比例，各种粪便管理方式的定义见表 3-2

表 3-2　粪便管理方式定义

<table>
<tr><th colspan="2">粪便管理方式</th><th>定义</th></tr>
<tr><td colspan="2">放牧放养/
自然消纳</td><td>农区放养或草原放牧的动物排泄的粪便，不采取任何处理措施，动物粪便留在农田或草地上自然风干或被植物利用。</td></tr>
<tr><td colspan="2">固体贮存</td><td>粪便收集后，放置在敞开的有砖砌或没有砖砌的池子里面，存放的粪便定期拉走。有时会通过覆盖、压实、添加添加剂等减少气体排放。</td></tr>
<tr><td colspan="2">运动场风干</td><td>粪便产生后直接放置在场地上，通过太阳照射和通风的作用，自然晾干，累积的粪便会定时清运。</td></tr>
<tr><td colspan="2">液体粪便贮存</td><td>液体粪便收集后，放置在敞开液体贮存池中贮存，液体粪便定期拉走。</td></tr>
<tr><td colspan="2">舍内粪坑贮存</td><td>动物产生的粪便尿液和污水直接通过漏缝地板贮存在畜舍地板下的贮存池中，并定期排出。一般分为舍内贮存时间≤1 个月和>1 个月两种类型</td></tr>
<tr><td colspan="2">厌氧沼气处理</td><td>收集的粪便在大型容器或密闭的粪池中进行厌氧发酵产生沼气，沼气收集后进行发电、生产生物天然气等利用，或者通过火炬燃烧，防止温室气体排放。厌氧沼气处理后的沼液在利用前可分为露天贮存或覆膜密闭贮存。</td></tr>
<tr><td colspan="2">燃料燃烧</td><td>在牧区或一些薪柴缺乏地区，粪便被收集晒干后作为燃料。</td></tr>
<tr><td colspan="2">猪牛垫草垫料</td><td>在牛舍和猪舍中不断地添加垫料来吸收动物产生的粪便和尿液。</td></tr>
<tr><td rowspan="4">堆肥</td><td>槽式堆肥</td><td>粪便与秸秆、锯末等辅料混合后的物料置于槽式结构中进行好氧发酵的堆肥工艺。槽式堆肥会进行强制通风和定期搅拌。</td></tr>
<tr><td>容器堆肥</td><td>粪便与秸秆、锯末等辅料混合后的物料置于密闭容器（筒仓、滚筒）中进行好氧发酵的堆肥工艺。容器堆肥会进行强制通风和连续混合。</td></tr>
<tr><td>条垛堆肥</td><td>粪便与秸秆、锯末等辅料混合后的物料堆成条垛进行好氧发酵的堆肥工艺。条垛堆肥一般会通过翻堆机械进行定时搅拌。</td></tr>
<tr><td>覆膜堆肥</td><td>粪便与秸秆、锯末等辅料混合后的物料堆成条垛，并覆盖聚四氟乙烯膜进行好氧发酵的堆肥工艺。覆膜堆肥一般通过强制通风保证好氧环境。</td></tr>
<tr><td colspan="2">肉鸡粪便垫料</td><td>鸡舍内铺设垫料，肉鸡在垫料上饲养，定期将垫料和粪便一同清理利用。</td></tr>
<tr><td colspan="2">厌氧氧化塘</td><td>粪便和污水从畜舍排出后，进入一个大贮存池中，贮存时间一般超过 6 个月甚至更长，氧化塘的上清液可以回用或灌溉农田。一般分为露天氧化塘或覆膜氧化塘。</td></tr>
<tr><td colspan="2">好氧处理</td><td>养殖污水通过强制通风供氧或自然供氧去除污水中的有机物。</td></tr>
<tr><td colspan="2">其他</td><td>未包含在上述粪便管理方式之外的处理利用方式。</td></tr>
</table>

3. 活动水平数据的收集方法

畜牧业温室气体清单编制的活动水平数据（动物年均存栏量），主要来源于国家（省、市县）级统计年鉴中的动物统计数据，以及各级畜牧业行业统计数据，为了数据的可比性，建议各省动物的年末存栏量需要和同年度的《中国畜牧兽医年鉴》中的数据进行比对，各类数据的来源情况可参考表 3-3。

表 3-3　活动水平数据来源

活动数据来源	数据信息说明
《中国统计年鉴》	● 全国和各省各种动物年末存栏量
《中国畜牧兽医年鉴》/《中国畜牧业年鉴》	● 各省各种动物年末存栏量 ● 牧区、半牧区各省牛、山羊、绵羊等各种动物年末存栏量
省级统计年鉴	● 清单省份各市县的各种动物年末存栏量

续表

活动数据来源	数据信息说明
国家/省级畜牧业行业统计数据	● 不同年龄段各种动物年末存栏量比例 ● 规模化饲养奶牛、生猪等各种动物所占比例
国家/省级农业普查 全国污染普查	● 普查年份各省（市县）各种动物年末存栏量 ● 普查年份各省（市县）规模化饲养奶牛、生猪等各种动物所占比例
养殖业直联直报系统	● 全国、省、市县规模化养殖场的各种动物的年末存栏量 ● 全国、省、市县农户养殖各种动物年末存栏量 ● 全国、省、市县规模化养殖场的奶牛、生猪等各种动物粪污资源化利用比例 ● 全国、省、市县规模化养殖场的奶牛平均产奶量数据
专家评估	● 全国、省、市县规模化养殖场的奶牛、生猪等各种动物粪污资源化利用比例

各种动物的活动水平数据需要收集不同饲养方式、不同生长阶段的年饲养量数据。各种动物年饲养量的计算方法如下。

1）动物年末存栏量的确定方法

动物的年末存栏量直接采用该年度统计年鉴中提供的年末存栏量数据，如果不同级别的数据不一致，建议以上一级的统计数据为依据进行核算。例如，如果某省统计年鉴无相关数据或与国家统计年鉴不一致，可查阅本年度的《中国统计年鉴》或《中国畜牧兽医年鉴》中获得的该省相关活动水平数据。

2）不同饲养方式年末存栏量的确定方法

● 放牧饲养动物饲养量的确定方法

如果该省有放牧饲养的行业统计数据，可以直接采用行业统计数据获得奶牛等放牧饲养的存栏量，否则可查阅本年度《中国畜牧兽医年鉴》中列出的对应牧区、半农半牧区的各种动物养殖量，同时减去直联直报系统中统计的牧区、半农半牧区中规模化饲养的对应的动物养殖量。牦牛归类为放牧饲养。

● 规模化存栏量的确定方法

对于奶牛、肉牛、水牛、山羊、绵羊等动物：

某动物规模化存栏量=（某动物存栏量–放牧饲养存栏量）×该省（市县）畜牧业行业统计数据提供的相应动物规模化饲养的比例

对于生猪、肉鸡、蛋鸡等动物：

某动物规模化存栏量=某动物存栏量×该省（市县）畜牧业行业统计数据提供的相应动物规模化饲养的比例

● 农户饲养量的确定方法

对于奶牛、肉牛、水牛、山羊、绵羊等动物：

某动物农户饲养存栏量=总存栏量–规模化饲养存栏量–放牧饲养存栏量

对于生猪、肉鸡、蛋鸡等动物：

某动物农户饲养存栏量=总存栏量–规模化饲养存栏量

对于马、驴、骡、骆驼等动物全部归类为农户饲养。

3）不同生长阶段的动物饲养量的确定方法

奶牛、肉牛、水牛、绵羊、山羊、生猪的不同饲养方式、不同生长阶段的年末存栏量=

该动物的不同饲养方式年末存栏量×畜牧业行业统计数据中的不同阶段饲养比例

4）生长期小于一年的动物饲养量的确定方法

除了按上述方法计算年均饲养量，对那些生长不到一年的动物，包括生长期小于一年，以及年中死亡淘汰的动物都应计算在内。估算年均饲养量的方法见公式（3-1）。

$$N = D_{\text{alive}} \times \frac{NAPA}{365} \tag{3-1}$$

式中，N——年均饲养量，头；

$NAPA$——每年出栏和死亡淘汰动物数量，头；

D_{alive}——动物的生存或饲养天数，天。例如，白羽肉鸡的饲养天数为 42 天。

4. 排放因子相关参数的收集方法

计算肠道发酵 CH_4 排放、粪便管理 CH_4 和粪便管理 N_2O 排放的排放因子，所涉及的三类关键参数的收集方法如表 3-4～表 3-6 所列。

表 3-4　动物生产性能来源与收集方法

序号	主要参数	单位	国家统计年鉴	行业统计数据	行业协会数据	典型调查	文献数据	国家清单缺省值	IPCC 指南缺省值	现场实验测定
2.1	平均体重	kg			√	√	√	√	√	√
2.2	成年母畜体重	kg			√	√	√	√	√	√
2.3	幼畜出生体重	kg			√	√	√	√	√	√
2.4	幼畜断奶体重	kg			√	√	√	√	√	√
2.5	其他动物体重	kg			√	√	√	√	√	√
2.6	日增重	$kg·头^{-1}·天^{-1}$			√	√	√	√	√	√
2.7	产奶量	$kg·头^{-1}·天^{-1}$	√	√	√	√	√	√	√	√
2.8	牛奶脂肪含量	%	√	√	√	√	√	√	√	√
2.9	牛奶蛋白含量	%	√	√	√	√	√	√	√	√
2.10	繁殖母畜妊娠率	%	√	√	√	√	√	√	√	√
2.11	工作时间	$小时·天^{-1}$				√	√	√		√
2.12	产毛量	$kg·年^{-1}$				√	√			√

注：“√”表示该数据可通过对应途径获得，本部分同。

表 3-5　饲料数据来源与收集方法

序号	主要参数	单位	国家统计年鉴	行业统计数据	行业协会数据	典型调查	文献数据	国家清单缺省值	IPCC 指南缺省值	现场实验测定
3.1	饲料消化率	%		√	√	√	√	√	√	√
3.2	日粮粗蛋白含量	%			√	√	√	√		√
3.3	精饲料占比	%			√	√	√	√		√
3.4	采食量	kg			√	√	√	√		√
3.5	CH_4 转化率	%					√	√	√	√

表 3-6 粪便数据来源与收集方法

序号	主要参数	单位	国家/省级污染普查	直联直报系统	行业协会	典型调研	文献数据	国家清单缺省值	IPCC指南缺省值	现场/实验室测定
4.1	氮排泄量	kg	√	√	√	√	√	√	√	√
4.2	挥发性有机物产生量	kg	√	√	√	√	√	√	√	√
4.3	粪便管理方法的比例	%	√	√	√	√	√	√		
4.4	粪便 CH_4 产生潜力	m^3 $CH_4 \cdot (kg\ VS)^{-1}$					√	√	√	√
4.5	粪便 CH_4 转化系数	%					√	√	√	√
4.6	粪便氮挥发损失率	%					√	√	√	√

对于动物生产和饲料数据，考虑到我国目前的统计年鉴中无此类参数，建议首先调查相关协会是否有相应的数据，在确认没有协会数据的基础上，采用典型调查、文献数据、国家清单或者 IPCC 指南缺省值等。

对于动物粪便特征数据，除上述方式外，还可以采用国家直联直报系统或者污染普查数据进行选取。

三类参数收集方法的优先顺序为：典型调查/测定＞文献数据＞国家清单缺省值＞IPCC 指南缺省值。

4.1 典型调查

典型调查是指通过设计关键参数的数据调查表，在清单编制省份/县域选择典型养殖县/乡镇进行实地调查，通过填写调查表格，获取相关特性参数，典型调查应基于该省养殖量的情况进行。一般要求：

1）每个省应抽样调查至少 5 个县；每个县应分别抽查 5 个乡镇调查规模化养殖、农户饲养特性参数；

2）各县规模化畜禽养殖场调查比例不小于 1%，且抽样调查的养殖场不少于 10 个；

3）养殖户的调查比例不小于 1‰，且抽样调查的动物养殖户均不少于 50 个。

4）调查数据分别填入附表 1～附表 8。

4.2 文献数据

在典型调查相关参数无法获取的情况下，清单编制机构可以通过查阅国内外文献资料，选择文献中报道的本省份（市县）或邻近省份（市县）的有关动物生产特性参数、饲料特性参数，以及粪便管理方式及其比例等参数，查阅的文献数据需要进行筛选，要基本反映本地动物的典型生产情况，清单报告后面应附相关文献数据的文献原文。

4.3 国家清单缺省值

在上述两种方式都无法获得相关参数的情况下，可以选择最近年份发布的国家畜牧业温室气体清单报告中所选择的特征参数值，取值应选择国家畜牧业温室气体清单报告中该省所在区域的有关特征参数。

4.4 IPCC 指南缺省值

有关参数在国家清单中也无法获得的情况下，对于生产特性参数、饲料特性参数和氮排泄量特性参数，也可以选择 IPCC 指南中给出的缺省值。在选择特性参数时，优先选择发展中国家和东南亚区域的推荐参数，同时也需要对其生产性能进行比较，如动物体重、奶牛产奶量等，在此基础上，可以选择本省份（市县）平均单产水平基本接近区域的有关特性参数。

5. 特性参数调查表

为了更能反映本省份（市县）的实际生产和管理情况，建议清单编制机构开展典型调查获得本地化的特性参数。本指南制定了有关特性参数调查表格，包括调查县的动物群体结构调查表、动物生产特性参数调查表、动物粪便管理方式调查表，具体表格详见附表 1 至附表 8。

第四部分　畜牧业温室气体清单报告编制及工作安排

温室气体清单报告是摸清排放底数、了解减排进展的基础。为了保证温室气体清单的透明性、精确性、完整性、一致性和可比性，《联合国气候变化框架公约》缔约方通过了一系列的报告指南。但是，这些指南都是针对国家温室气体清单报告的通用要求，没有专门针对畜牧业温室气体清单报告的详细要求。为了方便各地编制畜牧业清单报告，本书参考国家清单报告的要求和《2006 IPCC 指南》，编制了本部分内容。

畜牧业温室气体清单报告包括两部分：一是清单编制报告；二是清单报告表格。清单编制报告和表格的要求及模板如下。

1. 清单编制报告的要求

清单编制报告包括概述、机构安排、三种排放源（肠道发酵 CH_4、粪便管理 CH_4、粪便管理 N_2O）的测定与核算过程的描述、不确定性评估和质量报告及质量控制等核证过程的详细描述。

1.1　概述

概要描述报告范围内的畜牧业基本信息，包括依据的指南、报告的范围和温室气体种类、活动水平数据来源、排放因子及参数来源、温室气体排放量、不确定性评估和核证过程。

1.2　排放源与关键源的确定

排放源的确定应分别描述肠道发酵 CH_4、粪便管理 CH_4、粪便管理 N_2O 排放的主要动物种类。关键排放源的确定重点描述关键源判定的依据、采用的方法和关键源列表。

1.3　清单编制机构安排介绍

包括清单编制协调机构、编制机构、数据提供机构的任务和分工、清单评审过程及质量控制和质量保证等核证过程。

1.4　温室气体清单编制方法描述

该部分内容应叙述肠道发酵 CH_4、粪便管理 CH_4、粪便管理 N_2O 清单编制所选择的方法、给出每种排放源所选择方法的基本内容和公式，给出各种方法中缺省值的取值情况。

1.5　活动水平数据及来源说明

重点描述清单编制涵盖的畜牧业在报告年度内动物的年末存栏量、不同饲养方式动物存栏量的占比、不同生长阶段动物存栏量占比等数据，并说明各类数据的来源，说明畜牧业温室气体清单范围内的活动水平数据与本年度《中国畜牧兽医年鉴》和《中国统计年鉴》或省（市县）统计年鉴数据的比对情况及原因分析。

1.6　排放因子确定及来源说明

重点描述不同排放源的排放因子的选择及其核算依据。如果是计算获得的排放因子，应报告排放因子的计算过程以及各种相关参数的调研获取过程、取值情况和依据，包括不同动物的采食量、饲料干物质摄入量、饲料消化率、粪便管理方式及其比例，所处气候区等与排放因子相关的数据、特性数据收集过程。

1.7　温室气体排放量估算

以二氧化碳当量的形式报告清单编制范围年度内温室气体排放总量，并分别以质量单位报告动物肠道发酵 CH_4 排放量、粪便管理 CH_4 排放量、粪便管理 N_2O 排放量。

1.8　不确定性评估

参照 IPCC 指南，基于误差传递法，分别计算和报告三类排放源的不确定性，基于不同排放源的排放量和不确定性，报告畜牧业总体不确定性。

1.9　数据质量控制和核证

报告清单编制过程中内部和外部的数据质量控制所采取的过程、采取的方法、核证内容等。

2. 清单编制报告的模板

2.1 概述

1）指南依据
2）报告的排放源
3）活动水平及排放因子数据收集
4）温室气体排放量
5）不确定性
6）核证过程简要描述

2.2 清单编制机构安排

2.3 动物肠道发酵 CH_4 排放清单

2.3.1 排放源与关键源确定

2.3.2 清单编制方法

2.3.3 活动水平数据及来源

2.3.4 排放因子确定、关键参数的监测和计算

2.3.4.1 摄取的饲料总能

2.3.4.2 CH_4 转化率的确定

2.3.4.3 动物 CH_4 排放因子

2.3.5 肠道发酵 CH_4 排放量估算

2.4 动物粪便管理 CH_4 排放清单

2.4.1 排放源与关键源确定

2.4.2 清单编制方法

2.4.3 活动水平数据及来源

2.4.4 排放因子确定、关键参数的监测和计算

2.4.4.1 粪便挥发性固体排泄量计算

2.4.4.2 粪便 CH_4 产生潜力的确定

2.4.4.3 粪便管理方式比例的确定

2.4.4.4 粪便管理 CH_4 转化因子的确定

2.4.4.5 粪便管理 CH_4 排放因子

2.4.5 粪便管理 CH_4 排放量估算

2.5 动物粪便管理 N_2O 排放清单

2.5.1 排放源与关键源确定

2.5.2 清单编制方法

2.5.3 活动水平数据及来源

2.5.4 粪便管理 N_2O 直接排放

2.5.4.1 粪便管理 N_2O 直接排放因子的确定

2.5.4.2 粪便管理 N_2O 直接排放量

2.5.5 粪便管理 N_2O 间接排放

2.5.5.1 粪便管理 N_2O 间接排放因子的确定

2.5.5.2 粪便管理 N_2O 间接排放量

2.5.6 动物粪便管理 N_2O 排放总量

2.6 畜牧业温室气体排放总量

2.7 不确定性分析

2.8 畜牧业温室气体排放核证

2.9 清单报告表格（表 4-1～表 4-9）

2.10 附录

项目负责人（签字）：
清单编制机构（盖章）
年 月 日

表 4-1 畜牧业温室气体排放量报告

源类别	CH_4 排放量/t	N_2O 排放量/t	排放量/t CO_2e①
动物肠道发酵 CH_4 排放			
动物粪便管理 CH_4 排放			
动物粪便管理 N_2O 排放			
合计			

注：① CO_2e 表示二氧化碳当量；灰色框表示不用填写相应内容，本部分同。

表 4-2 不同饲养方式、不同生长阶段活动水平数据占比表

动物	饲养方式	年末存栏量/万头	不同生长阶段占比/%		
			当年生仔畜/保育	其他成年畜/育肥	繁殖母畜
奶牛	规模化饲养				
	农户饲养				
	放牧饲养				
	小计				
肉牛	规模化饲养				
	农户饲养				
	放牧饲养				
	小计				
水牛	规模化饲养				
	农户饲养				
	小计				
山羊	规模化饲养				
	农户饲养				
	放牧饲养				
	小计				

续表

动物	饲养方式	年末存栏量/万头	不同生长阶段占比/%		
			当年生仔畜/保育	其他成年畜/育肥	繁殖母畜
绵羊	规模化饲养				
	农户饲养				
	放牧饲养				
	小计				
生猪	规模化饲养				
	农户饲养				
	小计				
肉鸡	规模化饲养				
	农户饲养				
	小计				
蛋鸡	规模化饲养				
	农户饲养				
	小计				
牦牛	放牧饲养				
其他牛	农户饲养				
马	农户饲养				
驴	农户饲养				
骡	农户饲养				
骆驼	农户饲养				
兔	农户饲养				

表 4-3 反刍动物肠道发酵活动数据和其他相关数据表

动物种类	饲养方式	生长阶段	年末存栏量/万头	平均摄入总能/(MJ·头$^{-1}$·天$^{-1}$)	平均 CH_4 转化因子(Y_m)/%	CH_4 排放因子/(kg CH_4·头$^{-1}$·年$^{-1}$)	CH_4 排放量/t
	规模化饲养	当年生仔畜					
		其他成年畜					
		繁殖母畜					
	农户饲养	当年生仔畜					
		其他成年畜					
		繁殖母畜					
	放牧饲养	当年生仔畜					
		其他成年畜					
		繁殖母畜					

表 4-4　反刍动物肠道发酵 CH_4 排放活动数据及排放因子数据一览表

动物种类	饲养方式	生长阶段	体重/kg	日增重/(kg·头$^{-1}$·天$^{-1}$)	产奶量/(kg·头$^{-1}$·天$^{-1}$)	奶脂肪含量/%	工作时间/(小时·天$^{-1}$)	妊娠率/%	采食量/(kg DM·天$^{-1}$)	饲料消化率/%	采食总能/(MJ·头$^{-1}$·年$^{-1}$)	CH_4 排放因子/(kg CH_4·头$^{-1}$·年$^{-1}$)
	规模化饲养	当年生仔畜										
		其他成年畜										
		繁殖母畜										
	农户饲养	当年生仔畜										
		其他成年畜										
		繁殖母畜										
	放牧饲养	当年生仔畜										
		其他成年畜										
		繁殖母畜										

表 4-5 反刍动物粪便管理活动数据和其他相关数据表

动物种类	饲养方式	生长阶段	年末存栏量/万头	气候区分别占比/%			年平均温度/℃	平均动物体重/kg	平均 VS 排泄量/(kg DM·头$^{-1}$·天$^{-1}$)	平均 CH_4 最大产生潜力（B_0）/[m^3 CH_4·(kg VS)$^{-1}$]	CH_4 排放因子/(kg CH_4·头$^{-1}$·天$^{-1}$)	CH_4 排放量/t
				寒冷区	温和区	温暖区						
奶牛/肉牛/水牛	规模化饲养	当年生仔畜										
		其他成年畜										
		繁殖母畜										
	农户饲养	当年生仔畜										
		其他成年畜										
		繁殖母畜										
	放牧饲养	当年生仔畜										
		其他成年畜										
		繁殖母畜										
山羊/绵羊	规模化饲养	当年生仔畜										
		繁殖母畜										
	农户饲养	当年生仔畜										
		繁殖母畜										
	放牧饲养	当年生仔畜										
		繁殖母畜										

注：根据清单包含的动物种类，每种动物基于此表格式分别填写。

表 4-6 生猪和家禽粪便管理活动数据和其他相关数据表

动物种类	饲养方式	生长阶段	年末存栏量/万头	气候区分别占比/%			年平均温度/℃	平均动物体重/kg	平均 VS 排泄量/(kg DM·头$^{-1}$·天$^{-1}$)	平均 CH_4 最大产生潜力（B_0）/[m^3 CH_4·(kg VS)$^{-1}$]	CH_4 排放因子/(kg CH_4·头$^{-1}$·天$^{-1}$)	CH_4 排放量/t
				寒冷区	温和区	温暖区						
生猪	规模化饲养	保育										
		育肥										
		繁殖母畜										
	农户饲养	保育										
		育肥										
		繁殖母畜										
蛋鸡	规模化饲养	育雏育成										
		产蛋鸡										
	农户饲养	育雏育成										
		产蛋鸡										
肉鸡	规模化饲养	育肥肉鸡										
	农户饲养	育肥肉鸡										

表 4-7　动物粪便管理系统占比

（%）

动物种类	饲养方式	放牧放养/自然消纳	燃料燃烧	固体贮存	运动场风干	液体贮存	厌氧氧化塘	舍内粪坑贮存（≤1 个月）	舍内粪坑贮存（>1 个月）	厌氧沼气	猪牛垫草垫料	堆肥和沤肥	好氧处理	肉鸡粪便垫料	其他
	规模化饲养														
	农户饲养														
	放牧饲养														
	MCF														

注：根据清单包含的动物种类，每种动物基于此表格式分别填写，生猪、水牛、蛋鸡和肉鸡无放牧饲养情况。

表 4-8 反刍动物粪便管理相关参数与 N_2O 排放

动物种类	饲养方式	生长阶段	存栏量/万头	典型动物体重/kg	氮排泄量/(kg N·头$^{-1}$·年$^{-1}$)	不同粪便管理方式处理的氮/(kg N·年$^{-1}$)														总氮量/(kg N·年$^{-1}$)	氨挥发总量/(kg N·年$^{-1}$)	氮淋溶和径流渗漏总量/(kg N·年$^{-1}$)	排放因子			排放量/t N_2O		
						放牧放养/自然消纳	燃料燃烧	固体贮存	运动场风干	液体贮存	舍内粪坑贮存(≤1个月)	舍内粪坑贮存(>1个月)	厌氧沼气	猪牛垫草垫料	堆肥和沤肥	好氧处理	肉鸡粪便垫料	厌氧氧化塘	其他				直接排放/(kg N_2O·头$^{-1}$·年$^{-1}$)	氮沉降/[kg N_2O-N·(kg N)$^{-1}$]	径流和淋溶/[kg N_2O-N·(kg N)$^{-1}$]	直接排放	氮沉降	径流和淋溶
奶牛/肉牛/水牛/牦牛/其他牛	规模化	当年生仔畜																										
		其他成年畜																										
		繁殖母畜																										
	农户	当年生仔畜																										
		其他成年畜																										
		繁殖母畜																										
	放牧	当年生仔畜																										
		其他成年畜																										
		繁殖母畜																										
山羊/绵羊	规模化	当年生仔畜																										
		繁殖母畜																										
	农户	当年生仔畜																										
		繁殖母畜																										
	放牧	当年生仔畜																										
		繁殖母畜																										
粪便管理系统处理的总氮量/(kg N·年$^{-1}$)																												
直接排放因子 EF_3/[kg N_2O-N·(kg N)$^{-1}$]																												
氨挥发造成的 N_2O 间接排放因子 EF_4/%																												
氮淋溶径流损失 N_2O 间接排放因子 EF_5/%																												
直接排放量/kg N_2O																												
间接排放量/kg N_2O																												
总排放量/kg N_2O																												

注：根据清单包含的动物种类，每种动物基于此表格式分别填写并汇总计算总量。

表 4-9 其他动物粪便管理相关参数与 N_2O 排放

动物种类	饲养方式	生长阶段	存栏量/万头	典型动物体重/kg	氮排泄量/(kg N·头$^{-1}$·年$^{-1}$)	不同粪便管理方式处理的氮/(kg N·年$^{-1}$)												总氮量/(kg N·年$^{-1}$)	氨挥发总量/(kg N·年$^{-1}$)	氮淋溶和径流渗漏总量/(kg N·年$^{-1}$)	排放因子			排放量/t N_2O		
						放牧放养/自然消纳	燃料燃烧	固体贮存	运动场风干	液体贮存	舍内粪坑贮存(≤1个月)	舍内粪坑贮存(>1个月)	厌氧沼气处理	猪牛垫草垫料	堆肥和沤肥	好氧处理	肉鸡粪便垫料	厌氧氧化塘	其他				直接排放/(kg N_2O·头$^{-1}$·年$^{-1}$)	氮沉降/[kg N_2O-N·(kg N)$^{-1}$]	径流和淋溶/[kg N_2O-N·(kg N)$^{-1}$]	直接排放	氮沉降	径流和淋溶
生猪	规模化	保育																								
		育肥																								
		繁殖母畜																								
	农户	保育																								
		育肥																								
		繁殖母畜																								
蛋鸡	规模化	育雏育成																								
		产蛋鸡																								
	农户	育雏育成																								
		产蛋鸡																								
肉鸡	规模化	育肥肉鸡																								
	农户	育肥肉鸡																								
马	农户																									
驴骡	农户																									
骆驼	农户																									
兔	农户																									
粪便管理系统处理的总氮量/(kg N·年$^{-1}$)																										
直接排放因子 EF_3/[kg N_2O-N·(kg N)$^{-1}$]																										
氨挥发造成的 N_2O 间接排放因子 EF_4/%																										
氮淋溶径流损失 N_2O 间接排放因子 EF_5/%																										
直接排放量/kg N_2O																										
间接排放量/kg N_2O																										
总排放量/kg N_2O																										

3. 清单编制体系建设

清单编制是一个系统工程。为高质量完成畜牧业温室气体清单和报告，建议清单编制由牵头机构、指导委员会和清单编制队伍构成。

一是确定牵头机构：一般由生态环境局或省级应对气候变化领导办公室负责气候变化事宜。明确清单编制安排、各部门职责义务、时间节点，组建专家团队，定期检查进度，组织审评和审批，向国家提交清单。

二是成立指导委员会：成员包括环境保护、统计、农业、金融等行业人员。委员会负责确定清单团队、协调数据来源、对清单团队进行宏观指导，确定清单改进计划，组织专家评审，批准清单报告。

三是组建清单编制队伍：建议由农业环境相关的科研机构牵头，联合各级畜牧推广部门、统计部门和农业畜牧业科研院所等技术单位共同承担。清单编制团队负责方法学选择、数据收集、数据分析、排放因子和排放量计算、不确定性评估、编制清单报告。

4. 清单编制时间安排

表 4-10 显示了定期编制温室气体清单所需的关键步骤和时间节点，从规划开始，通过方法学选择、数据收集和报告汇编，到外部评审、建议和清单修改、有关部门的审批。重要的是确定有关的责任组织，建立协调机制和编制程序，以确保有完整的文件和资料存档，以便提高透明度和确保过程的可持续性。

表 4-10　畜牧业温室气体清单工作安排

步骤	工作内容	负责单位	时间节点
做好规划	● 确定参与部门 ● 组织清单编制团队 ● 成立技术指导委员会 ● 建立协调机制 ● 制定预算与分配方案	农业农村部/厅/局或 生态环境部/厅/局	第 1 月
准备工作	● 组织第一次协调会 ● 对编制方案进行咨询 ● 确定编制方案和时间节点	清单编制牵头单位	第 3 月
方法学选择	● 确定关键源 ● 选择方法学 ● 确定数据需求	清单编制团队	第 3～4 月
数据收集	● 开发或完善数据表格 ● 确定数据源和提供者 ● 收集数据 ● 数据分析及质量核查 ● 技术指导委员会咨询	清单编制团队 农业农村部/厅/局 生态环境部/厅/局 统计局	第 5～7 月

续表

步骤	工作内容	负责单位	时间节点
排放核算	● 确定活动水平数据 ● 计算排放因子 ● 估算排放和不确定性 ● QA/QC，核查数据，以及与国家清单、其他省级清单比较	农业农村部/厅/局 清单编制团队	第 8 月
报告编写	● 编制清单报告 ● 填写清单报告表 ● 核查初稿及自我检查 ● 技术指导委员会咨询	清单编制团队	第 9 月
档案管理	● 建立档案 ● 保证符合透明度要求	清单编制团队	第 9 月
咨询与核证	● QA/QC 检查 ● 外部专家评审 ● 确定进一步改进方案 ● 对存在的问题进行改正、完善 ● 召开技术委员会会议对清单进行评估论证	农业农村部/厅/局 生态环境部/厅/局 清单编制团队 统计局	第 10 月
批准提交	● 相关主管部门审批 ● 提交各级清单	农业农村部/厅/局 生态环境部/厅/局	第 11 月

第五部分 畜牧业温室气体清单核证指南

1. 概述

温室气体清单是估算排放量和选择减排措施的依据。为了保证清单透明度、一致性、可比性、完整性和准确性（TCCCA）。清单编制协调机构或主管部门会要求通过建立质量控制和质量保证系统对清单进行核证。

2. 质量控制和质量保证评估内容

质量控制（QC）和质量保证（QA）是确保报告的温室气体排放的质量和数据的准确性的重要环节。QC 和 QA 措施可提高数据收集、核算、监测、报告和核证全过程的质量，加强与国家有关部门统计数据的有效衔接，并聘请相关人员进行咨询把关。制订畜牧业温室气体排放的 QC/QA 计划可提高透明度、一致性、可比性、完整性和排放估算的准确性。

2.1 质量控制

质量控制是指清单编制单位对温室气体排放清单报告质量的自查，包括计算公式是否依据《2006 IPCC 指南》或《畜牧业温室气体排放 MRV 指南》（简称 MRV 指南），活动水平数据来源是否清楚，各排放源之间是否具有一致性，排放因子及相关关键参数的获取方法是否符合 MRV 指南要求，各排放源相关参数的取值是否一致，计算结果的正确性，报告格式是否正确，报告内容和排放源是否完整和报告是否透明，计算出的变量是否准确地记录到报告中等内容。

2.2 质量保证

清单编制单位应聘请国内或者国际专家对排放核算和报告进行评审。清单编制单位应提供温室气体排放清单报告、通用报表、排放计算表格等。清单报告的外部评审应审查报告的格式是否遵循 MRV 指南；温室气体清单编制报告是否透明、完整；活动水平数据是否正确和一致性，重点检查活动水平数据是否与国家现有统计数据、国家直联直报数据一致，以及检查不同排放源之间的动物数量的一致性；排放因子计算过程是否透明、关键参数数值是否合理、计算结果的正确性，计算的排放因子与 IPCC 指南缺省值、国家清单数据、其他区域清单因子、本省往年排放因子的数据是否具有可比性等。

清单报告的内部质量控制和外部专家评审可依据温室气体排放报告核证清单（表 5-1）进行核证，以提高清单的质量。

表 5-1　温室气体排放报告的核证清单

序号	核证内容	详细核证清单	核证结论	修改意见	完善修改状态
1. 方法学选择					
1.1	方法学选择	● 是否符合 IPCC 指南或 MRV 指南的方法学要求？	是□否□ 存在问题？	建议：	解决□ 部分□ 没有□
		● 粪便管理 CH_4 排放方法学的层级是否合理？	是□否□ 存在问题？	建议：	解决□ 部分□ 没有□
		● 粪便管理 N_2O 排放方法学的层级是否合理？	是□否□ 存在问题？	建议：	解决□ 部分□ 没有□
		● 肠道发酵 CH_4 排放方法学的层级是否合理？	是□否□ 存在问题？	建议：	解决□ 部分□ 没有□
2. 活动水平数据					
2.1	活动水平数据来源	● 存栏量数据来源是否清晰描述？	是□否□ 存在问题？	建议：	解决□ 部分□ 没有□
		● 存栏量数据是否正确？	是□否□ 存在问题？	建议：	解决□ 部分□ 没有□
2.2	详细分类描述及存栏量数据	● 是否清晰描述了动物详细分类及依据？	是□否□ 存在问题？	建议：	解决□ 部分□ 没有□
		● 详细分类中的动物饲养方式是否符合指南分类，放牧饲养、农户饲养细化分类是否有依据，是否正确？	是□否□ 存在问题？	建议：	解决□ 部分□ 没有□
		● 详细分类中生长阶段划分是否合理？	是□否□ 存在问题？	建议：	解决□ 部分□ 没有□
		● 详细分类中的动物存栏量数据获取的方法是否正确？	是□否□ 存在问题？	建议：	解决□ 部分□ 没有□
2.3	利用出栏量计算存栏量	如果依据出栏量计算存栏量， ● 存栏量的计算方法是否清楚地进行了描述？ ● 出栏量的数据是否正确？ ● 饲养天数数据是否合理？	是□否□ 存在问题？	建议：	解决□ 部分□ 没有□
2.4	存栏量的交叉核对	● 详细分类中的存栏量总和是否等于总的饲养量？	是□否□ 存在问题？	建议：	解决□ 部分□ 没有□
		● 各排放源之间取值是否一致？	是□否□ 存在问题？	建议：	解决□ 部分□ 没有□
		● 与往年活动水平数据是否可比？ ● 如果有较大的变化，清单报告中是否有详细的解释？	是□否□ 存在问题？	建议：	解决□ 部分□ 没有□
		● 存栏量是否与《国家统计年鉴》、《中国畜牧兽医年鉴》、本省（市县）年鉴的数据可比？	是□否□ 存在问题？	建议：	解决□ 部分□ 没有□

续表

序号	核证内容	详细核证清单	核证结论	修改意见	完善修改状态
3. 排放因子					
3.1	综合排放因子（IEF）	● 推算的肠道发酵 CH_4 综合排放因子是否与 IPCC 缺省值、国家或其他区域（或企业）的排放因子具有可比性？ ● IEF 是否等于总的肠道发酵 CH_4 排放量除以总的奶牛数量？	是□否□ 存在问题？	建议：	解决□ 部分□ 没有□
		● 推算粪便管理 CH_4 综合排放因子（IEF）是否与 IPCC 缺省值、国家或其他区域（或企业）的排放因子具有可比性？	是□否□ 存在问题？	建议：	解决□ 部分□ 没有□
		● 推算粪便管理 N_2O 综合排放因子（IEF）是否与 IPCC 缺省值、国家或其他区域（或企业）的排放因子具有可比性？	是□否□ 存在问题？	建议：	解决□ 部分□ 没有□
3.2	肠道发酵 CH_4 排放因子计算方法	● 维持净能、活动净能、生长净能、泌乳净能、劳动净能、妊娠需要的净能、日粮中维持净能与可消化能之比、日粮中生长净能与可消化能之比、总能、排放因子等计算公式、单位是否正确？	是□否□ 存在问题？	建议：	解决□ 部分□ 没有□
		● 维持净能、活动净能、生长净能、泌乳净能、劳动净能、妊娠需要的净能、日粮中维持净能与可消化能之比、日粮中生长净能与可消化能之比、总能、排放因子等计算公式中的参数选取是否有依据？	是□否□ 存在问题？	建议：	解决□ 部分□ 没有□
3.3	奶牛肠道发酵 CH_4 排放因子关键参数获取方法	● 是否清晰描述了 CH_4 排放因子计算过程中所涉及的动物特征参数、饲料特征参数，如奶牛体重、日增重、采食量、饲料消化率、产奶量等参数的取值？	是□否□ 存在问题？	建议：	解决□ 部分□ 没有□
		● 如果是通过调研获得的动物特征参数、饲料特征参数，是否详细描述了调研方法？ ● 是否论证了调研方法和结果的代表性？	是□否□ 存在问题？	建议：	解决□ 部分□ 没有□
		● 如果是通过文献获得的动物特征参数、饲料特征参数，是否提供了参考文献？ ● 是否论证了文献数据的代表性和适用性？	是□否□ 存在问题？	建议：	解决□ 部分□ 没有□
3.4	肠道发酵 CH_4 排放因子关键参数的可比性	● 奶牛体重、日增重、产奶量、采食量、饲料消化率等参数与 IPCC 缺省值、国家清单参数、其他区域（或企业）和地区参数是否具有可比性？	是□否□ 存在问题？	建议：	解决□ 部分□ 没有□
		● 维持净能、活动净能、生长净能、泌乳净能、劳动净能、妊娠需要的净能、日粮中维持净能与可消化能之比、日粮中生长净能与可消化能之比、总能的计算结果，与 IPCC 缺省值、国家清单参数、其他区域（或企业）参数是否具有可比性？	是□否□ 存在问题？	建议：	解决□ 部分□ 没有□
		● 泌乳奶牛单产产量与 FAO、国家统计年鉴等数据是否具有可比性？	是□否□ 存在问题？	建议：	解决□ 部分□ 没有□
3.5	粪便管理 CH_4 排放因子计算方法	● 挥发性固体排泄量、排放因子公式、单位是否正确？	是□否□ 存在问题？	建议：	解决□ 部分□ 没有□
		● 挥发性固体排泄量、排放因子公式中的参数选取是否有依据？	是□否□ 存在问题？	建议：	解决□ 部分□ 没有□
		● 动物摄取饲料总能量、饲料消化率的取值是否与计算肠道发酵 CH_4 排放因子时的取值一致或具有可比性？	是□否□ 存在问题？	建议：	解决□ 部分□ 没有□

续表

序号	核证内容	详细核证清单	核证结论	修改意见	完善修改状态
3.6	粪便管理CH_4排放因子关键参数获取方法	● 粪便管理方式的分类和描述是否清晰、正确？	是□否□ 存在问题？	建议：	解决□ 部分□ 没有□
		● 是否清晰描述了不同粪便管理方式利用率数据获得方法？	是□否□ 存在问题？	建议：	解决□ 部分□ 没有□
		● 粪便挥发性固体排泄量、CH_4产生潜力、CH_4转化系数获得方法是否清晰描述？	是□否□ 存在问题？	建议：	解决□ 部分□ 没有□
		● 当地温度的获取方法和取值是否描述？	是□否□ 存在问题？	建议：	解决□ 部分□ 没有□
3.7	粪便管理CH_4排放因子关键参数是否具有可比性	● 粪便管理方式利用率数据是否与国家清单、邻近省份、IPCC缺省值、国家污染普查数据、直联直报系统数据有可比性？	是□否□ 存在问题？	建议：	解决□ 部分□ 没有□
		● 挥发性固体含量数据与IPCC缺省值、国家清单参数、其他区域（或企业）参数是否具有可比性？	是□否□ 存在问题？	建议：	解决□ 部分□ 没有□
		● CH_4潜力参数与IPCC缺省值、国家清单参数、其他区域（或企业）参数是否具有可比性？	是□否□ 存在问题？	建议：	解决□ 部分□ 没有□
		● CH_4转化系数与IPCC缺省值、国家清单参数、其他区域（或企业）参数是否具有可比性？	是□否□ 存在问题？	建议：	解决□ 部分□ 没有□
3.8	动物粪便N_2O排放因子计算方法	● 粪便管理N_2O直接和间接排放计算公式、单位是否正确？	是□否□ 存在问题？	建议：	解决□ 部分□ 没有□
		● 粪便氮排泄量、挥发性氮、径流和淋溶氮的计算公式、单位是否正确？	是□否□ 存在问题？	建议：	解决□ 部分□ 没有□
3.9	动物粪便N_2O排放因子关键参数获取方法	● 粪便管理N_2O直接和间接排放的排放因子的选取和依据是否清晰描述？	是□否□ 存在问题？	建议：	解决□ 部分□ 没有□
		● 动物粪便氮排泄量、各种系数获取的方法和来源是否清晰描述？	是□否□ 存在问题？	建议：	解决□ 部分□ 没有□
3.10	动物粪便N_2O排放因子及关键参数的可比性	● 动物粪便氮排泄量、直接排放、间接排放相关系数是否与IPCC缺省值、相关文献数据具有可比性？	是□否□ 存在问题？	建议：	解决□ 部分□ 没有□
		● 粪便管理N_2O直接排放所采用的粪便管理系统比例是否与计算粪便管理CH_4排放时一致？	是□否□ 存在问题？	建议：	解决□ 部分□ 没有□
4. 排放量计算及不确定性					
4.1	排放量计算	● 排放量计算是否可重复、正确？	是□否□ 存在问题？	建议：	解决□ 部分□ 没有□

续表

序号	核证内容	详细核证清单	核证结论	修改意见	完善修改状态
4.2	确定性确定	● 是否报告了不确定性？ ● 不确定性计算方法是否合理？	是□否□ 存在问题？	建议：	解决□ 部分□ 没有□
		● 是否对不确定性计算参数的来源、选择的依据进行了描述？	是□否□ 存在问题？	建议：	解决□ 部分□ 没有□
5. 温室气体排放报告					
5.1	温室气体排放报告	● 是否依据 MRV 指南的报告要求？ ● 排放源是否报告完整？	是□否□ 存在问题？	建议：	解决□ 部分□ 没有□
5.2	通用报告表（Excel）	● 与清单报告数据是否一致？ ● 是否对不报告的数据进行了注明？	是□否□ 存在问题？	建议：	解决□ 部分□ 没有□

第六部分　中国畜牧业温室气体排放监测、报告和核证报告

1. 概述

在编制2014年中国畜牧业温室气体清单过程中，清单编制机构采用了《IPCC 国家温室气体清单指南（1996修订版）》（简称《1996 IPCC 指南》）提供的方法，并参考了《IPCC 国家温室气体清单良好作法指南和不确定性管理》（简称《IPCC 良好作法指南》）和《2006 IPCC 指南》。

1.1　报告的范围和温室气体种类

根据《1996 IPCC 指南》的要求和中国畜牧业的实际情况，2014年畜牧业温室气体清单包括动物肠道发酵 CH_4 排放、动物粪便管理 CH_4 和 N_2O 排放三个部分。

1.2　排放源、关键源及采用的计算方法

动物肠道发酵 CH_4 排放源包括奶牛、肉牛、水牛、牦牛、其他牛、山羊、绵羊、马、驴、骡、骆驼、生猪共12种家畜。家畜种类与IPCC界定的 CH_4 排放源一致。

动物粪便管理 CH_4 和 N_2O 排放源包括14种动物（奶牛、肉牛、水牛、牦牛、其他牛、山羊、绵羊、马、驴、骡、骆驼、生猪、家禽和兔）。动物粪便管理方式包括放牧放养/自然消纳、燃料燃烧、固体贮存、运动场风干、液体贮存、舍内粪坑贮存（≤1 个月）、舍内粪坑贮存（>1 个月）、厌氧沼气处理、猪牛垫草垫料、堆肥和沤肥、厌氧氧化塘、肉鸡粪便垫料、好氧处理和其他14种方式。动物粪便管理方式与IPCC的定义一致。

依据《IPCC 良好作法指南》提供的关键源判定方法1，确定了肉牛、绵羊、山羊、奶牛、水牛、生猪和牦牛为动物肠道发酵 CH_4 排放关键源。除生猪、牦牛外，其他关键源 CH_4 排放均采用IPCC方法2。尽管生猪是关键源，但由于《1996 IPCC 指南》没有提供猪肠道发酵 CH_4 排放因子计算方法，猪的肠道发酵 CH_4 排放采用IPCC方法1。由于牦牛主要在我国青藏高原区域饲养，且IPCC 没有提供牦牛排放因子，牦牛排放因子直接采用了公开出版的文献数据；其他牛、马、驴、骡、骆驼为非关键源，采用 IPCC方法1估算其肠道发酵 CH_4 排放。

关于动物粪便管理 CH_4 排放，生猪、肉牛、家禽、山羊、奶牛和绵羊为关键源；非关键源包括水牛、兔、牦牛、马、其他牛、驴、骡和骆驼。考虑到数据的可获得性和与反刍动物 CH_4 排放数据的一致性，生猪、肉牛、绵羊、山羊、水牛和奶牛的粪便管理 CH_4 排放采用IPCC方法2估算，家禽、牦牛、其他牛、马、驴、骡、骆驼和兔的粪便管理 CH_4 排放采用IPCC方法1估算。

由于《1996 IPCC 指南》只提供了一种动物粪便管理 N_2O 排放的计算方法，因此，所有动物的粪便管理 N_2O 排放量均采用 IPCC 指南推荐的方法，但生猪、家禽、肉牛和奶牛等主要关键源的粪便管理 N_2O 排放计算中采用了中国粪便特性和粪便管理参数，其他关键源和非关键源则采用 IPCC 提供的缺省参数进行计算。

1.3 活动数据及来源

畜牧业温室气体清单编制过程中采用的活动数据，来源于官方统计年鉴——《中国统计年鉴 2015》、《中国畜牧业年鉴 2015》及原农业部畜牧业司提供的畜牧业行业统计数据。其中，牛、绵羊、山羊、生猪、马、驴、骡和骆驼的年末存栏量的活动数据来自《中国统计年鉴 2015》，奶牛、肉牛、家禽和兔的存栏数量来自《中国畜牧业年鉴 2015》，规模化饲养、农户饲养比例及不同动物的年龄结构比例来自原农业部畜牧业司提供的畜牧业行业统计数据。

基于上述数据，并根据《第三次全国农业普查公报》的结果，对 2014 年各种动物的存栏量进行了调整，在此基础上，清单编制机构根据国家统计局提供的第三次全国农业普查结果公布数据后调整的 2014 年各省的奶牛、肉牛、绵羊、山羊、生猪和家禽等主要动物的年末存栏量作为基准数据。

1.4 排放因子及关键参数的确定

在动物肠道发酵 CH_4 排放因子的计算过程中，根据中国家畜的养殖特点，将动物分为农户饲养、规模化饲养、放牧饲养三种饲养方式，同时考虑不同年龄阶段的动物生产特性差异。排放因子计算中涉及的动物体重、日增重、采食量和饲料质量、产奶量和乳脂率、产毛量等生产特性数据来自 6 个区域 79 个县的调查数据。

在粪便管理 CH_4 排放因子的计算过程中，重点考虑不同气候区域、不同动物粪便管理方式对 CH_4 排放因子的影响。粪便管理方式的使用比例来自 6 个区域 79 个县的调研数据。根据《1996 IPCC 指南》推荐的不同粪便管理方式、不同温度下的 CH_4 转化因子缺省值，选择各区域不同粪便管理方式的 CH_4 转化因子。根据《1996 IPCC 指南》推荐的方法和数据调查获得的动物采食量数据计算了分区域的不同年龄阶段各种动物每日排泄的挥发性固体量。不同动物的粪便 CH_4 产生潜力采用《1996 IPCC 指南》推荐的缺省值。

在粪便管理 N_2O 排放因子的计算过程中，生猪、奶牛、肉牛和家禽的年氮排泄量采用《第一次全国污染源普查畜禽养殖业源产排污系数手册》提供的数据，其他动物年氮排泄量选用《1996 IPCC 指南》给出的缺省值。根据不同动物粪便管理方式使用比例的调研数据、不同动物氮排泄量及《1996 IPCC 指南》推荐的不同粪便管理方式的 N_2O 排放因子缺省值计算得出不同区域、不同动物的 N_2O 排放因子。

1.5 畜牧业温室气体排放量

2014 年中国畜牧业温室气体排放量为 3.45 亿 t CO_2e（不包括港、澳、台地区数据）。其中，CH_4 排放量为 1301.1 万 t，折合为 2.73 亿 t CO_2e；N_2O 排放量 23.3 万 t，折合为

0.72 亿 t CO_2e，详见表 6-1。

表 6-1 2014 年中国畜牧业温室气体排放量估算

	CH_4/万 t CH_4	N_2O/万 t N_2O	CO_2 当量/万 t CO_2 eq
CH_4 合计	1 301.1	—	27 323.2
肠道发酵 CH_4	985.6	—	20 697.7
粪便管理 CH_4	315.5	—	6 625.5
N_2O 合计	—	23.3*	7 216.1
粪便管理 N_2O	—	23.3	7 216.1
总计	1 301.1	23.3	34 539.3

注："*"表示不包括放牧过程中排泄到草地上的粪便 N_2O 排放（7.67 万 t N_2O），这部分排放量在土壤 N_2O 排放中报告；"—"表示无数据。

2014 年动物肠道发酵 CH_4 排放总量为 985.6 万 t，折合为 2.07 亿 t CO_2e，占畜牧业排放量的 59.9%。其中，肉牛是最大的肠道发酵 CH_4 排放源，其 CH_4 排放量为 399.0 万 t，占肠道发酵 CH_4 排放总量的 40.5%；其次为绵羊和山羊，排放量分别占 15.2%和 12.9%，奶牛占肠道发酵 CH_4 排放总量的 9.0%。

2014 年动物粪便管理 CH_4 排放总量为 315.5 万 t，折合为 6625.5 万 t CO_2e，占畜牧业排放量的 19.2%。其中，生猪是最大的粪便管理 CH_4 排放源，猪粪 CH_4 排放量为 194.8 万 t，占粪便管理 CH_4 排放总量的 63.9%；其次为肉牛，占总排放量的 14.6%。

2014 年动物粪便管理 N_2O 排放总量为 23.3 万 t（不包括放牧过程中排泄到草地上的粪便排放的 7.67 万 t N_2O），折合为 7216.1 万 t CO_2e，占畜牧业排放量的 20.9%。其中，生猪是最大的粪便 N_2O 排放源，占总排放量的 29.5%；其次是家禽粪便 N_2O 排放量，占总排放量的 18.3%，肉牛粪便 N_2O 排放量占总排放量的 11.7%。

1.6 不确定性

根据《IPCC 良好作法指南》提供的不确定性估算方法估算，畜牧业温室气体排放的不确定性为±16.3%，其中，动物肠道发酵 CH_4 排放量的不确定性为±19.8%，动物粪便管理 CH_4 和 N_2O 排放量的不确定性分别为±31.1%和±45.7%。

2. 动物肠道发酵 CH_4 排放清单

2.1 排放源与关键源的确定

2.1.1 排放源界定

动物肠道发酵 CH_4 排放是指动物在正常的代谢过程中，寄生在动物消化道内的微生物发酵消化道内饲料时产生的 CH_4 排放，肠道发酵 CH_4 排放只包括从动物口、鼻和直肠排出体外的 CH_4，不包括粪便的 CH_4 排放。

动物肠道发酵 CH_4 排放量受动物类别、年龄、体重、采食数量及饲料质量、生长及生产水平的影响，其中采食量和饲料质量是最重要的影响因子。与单胃动物相比，反刍动物瘤胃容积大，寄生的微生物种类多，能分解纤维素，单个动物产生的 CH_4 排放量大，反刍动物，特别是牛和羊，是动物肠道发酵 CH_4 排放的主要排放源。与反刍动物相比，鸡和鸭等家禽因体重小，其肠道发酵 CH_4 排放可以忽略不计，IPCC 也没有提供方法学，本清单中没有包括家禽的肠道发酵 CH_4 排放量。虽然猪是非反刍动物，CH_4 排放量小，但考虑到中国养猪数量占世界存栏量的约 50%，本报告包括了猪的肠道发酵 CH_4 排放。

根据中国畜牧业饲养情况、IPCC 方法和数据的可获得性，动物肠道发酵 CH_4 排放源包括肉牛、奶牛、水牛、牦牛、其他牛、山羊、绵羊、马、驴、骡、骆驼和生猪 12 种家畜。

2.1.2 关键排放源的确定

按照《IPCC 良好作法指南》提供的关键源判定方法 1 确定肠道发酵 CH_4 排放的关键源。

根据《IPCC 良好作法指南》，当具有连续几年的国家排放清单数据时，应根据各排放源对该行业排放总量贡献的比例和排放趋势确定关键源；如果没有连续几年的清单数据，可根据各种动物排放占所有动物肠道发酵 CH_4 排放的比例确定关键源。

由于中国没有连续多年的排放清单数据，只能采用关键源判定方法 1 估计不同动物对肠道发酵 CH_4 排放水平的影响。具体做法是：根据中国 2014 年各种动物存栏量和《中华人民共和国气候变化第三次国家信息通报》中各种动物的加权排放因子，初步计算各种动物的 CH_4 排放量及占总排放的比例，将排放比例估计数值按降序排列，然后以排放比例的绝对数量大小降序相加，使累计值达到总排放量的 95%的源确定为关键源。

《IPCC 良好作法指南》提供的排放比例计算公式如下：

$$L_{x,t} = E_{x,t} / E_t \tag{6-1}$$

式中，$L_{x,t}$ ——第 t 年源 x 的排放量占总排放量的比例；

$E_{x,t}$ ——第 t 年源 x 的排放量；

E_t ——第 t 年总排放量。

表 6-2 为依据《2006 IPCC 指南》方法 1，并采用《中华人民共和国气候变化第三次国家信息通报》中各种动物的加权排放因子估算的各种动物肠道发酵 CH_4 排放量，并以此进行比例估算和排序。从表 6-2 可以看出，肉牛、绵羊、山羊、奶牛、水牛、生猪和牦牛为关键源。

表 6-2 2014 年动物肠道发酵 CH_4 排放关键源分析表

IPCC 源类型	2014 年排放量估计/万 t CH_4	占总排放的比例/%	排放比例累计/%	是否为关键源
肉牛	469.9	42.8	42.8	是
绵羊	147.4	13.4	56.3	是
山羊	128.7	11.7	68.0	是
奶牛	120.2	11.0	78.9	是
水牛	82.4	7.5	86.4	是

续表

IPCC 源类型	2014 年排放量估计/万 t CH_4	占总排放的比例/%	排放比例累计/%	是否为关键源
生猪	69.9	6.4	92.8	是
牦牛	37.2	3.4	96.2	是
其他牛	21.2	1.9	98.1	否
马	10.9	1.0	99.1	否
驴	5.8	0.5	99.7	否
骡	2.2	0.2	99.9	否
骆驼	1.5	0.1	100.0	否
总计	1097.5			

2.2　清单编制方法

《1996 IPCC 指南》和《IPCC 良好作法指南》均推荐了两种用于计算动物肠道发酵 CH_4 排放清单的方法。

方法 1 是一种利用以前研究中得出的缺省排放因子进行估算的简化方法，即动物存栏量乘以 IPCC 缺省排放因子，然后相加得到总排放量。该方法简单，但不能完全反映各国的畜牧业生产特性。

方法 2 是一种较复杂的方法，需要根据各国特定的动物生产特性、饲料种类、动物采食量、饲料质量、消化率等数据来计算该国的动物肠道发酵 CH_4 排放因子。

根据排放源的重要性和数据的可获得性，依据《IPCC 良好作法指南》提出的各国要尽可能采用较高级别方法原则，确定了估算中国动物肠道发酵 CH_4 排放量所采用的方法，见表 6-3。

表 6-3　编制动物肠道发酵 CH_4 排放清单采用的方法

动物种类	采用的方法	排放因子	说明
奶牛	T2	CS	
肉牛	T2	CS	
水牛	T2	CS	
牦牛	T1	CS	本地公开发表排放因子
其他牛	T1	D	
绵羊	T2	CS	
山羊	T2	CS	
生猪	T1	D	IPCC 没有方法 2 公式
骆驼	T1	D	
马	T1	D	
驴、骡	T1	D	
家禽	不考虑		无方法、无缺省值

注：T1 代表方法 1，T2 代表方法 2；CS 代表本国特定的排放因子，D 代表 IPCC 指南推荐的缺省排放因子。

中国的肉牛、奶牛、水牛、山羊和绵羊饲养量大，且单个动物的肠道发酵 CH_4 排放量高，CH_4 排放量占全国动物 CH_4 排放量比例大，本报告采用 IPCC 方法 2 估算这 5 种反刍动物的肠道发酵 CH_4 排放量。对于生猪和牦牛两个关键排放源，牦牛主要在中国的青藏高原区域饲养，排放因子直接选择公开发表文献给出的本地测定的排放因子；IPCC 指南没有提供猪的肠道发酵 CH_4 排放因子计算方法，直接选择采用 IPCC 方法 1 和 IPCC 指南推荐的缺省排放因子。其他牛、马、驴、骡、骆驼为非关键源，采用 IPCC 方法 1 和 IPCC 指南推荐的缺省排放因子。

动物饲养方式和动物年龄是影响肠道发酵的主要因子，为此，本研究在计算肉牛、奶牛、水牛、山羊和绵羊等关键源排放时，考虑了不同饲养方式（农户饲养、规模化饲养和放牧饲养）和动物不同年龄阶段对动物肠道发酵 CH_4 排放的影响。

2.3 活动水平数据及来源

2.3.1 数据需求

根据动物肠道发酵 CH_4 排放量清单编制方法的选择，对于采用方法 1 估算肠道发酵 CH_4 排放的动物，只需要统计该类动物 2014 年的年末存栏量；对于采用方法 2 估算肠道发酵 CH_4 排放的动物，在统计该类动物 2014 年年末存栏量的基础上，还需要分别分析三种饲养方式（规模化饲养、农户饲养和放牧饲养）的存栏量和比例，以及各种动物在不同年龄阶段的存栏量。

规模化饲养：是指单个养殖场（区）奶牛存栏＞100 头，肉牛和水牛出栏＞50 头，绵羊和山羊出栏＞100 只，生猪出栏＞500 头；

放牧饲养：是指在国家划定的 13 个省（自治区）266 个牧区、半牧区县内饲养的动物；

农户饲养：是指单个家庭养殖的动物，本报告中农区小于规模饲养量标准的养殖都计入家庭饲养。

奶牛、肉牛和水牛分为繁殖母畜、当年生仔畜和其他成年畜 3 个阶段，山羊和绵羊分为繁殖母畜和当年生仔畜两个阶段。

2.3.2 活动水平数据来源及确定方法

（1）活动水平数据来源

活动水平数据来源于三个途径，包括《中国统计年鉴 2015》、《中国畜牧业年鉴 2015》和中国畜牧业行业统计数据，各数据来源提供的数据见表 6-4。

（2）各种动物活动水平数据（年饲养量）的确定方法

根据方法学选择结果，采用方法 2 的关键排放源（奶牛、肉牛、水牛、山羊、绵羊），需要收集不同饲养模式、不同饲养阶段的年饲养量数据。采用方法 1 的非关键源（其他牛、马、驴、骡、骆驼）及关键源（生猪、牦牛）只需要收集年末存栏量。各种动物年饲养量的计算方法如下所述。

表 6-4　活动水平数据来源

来源	提供的数据信息
《中国统计年鉴 2015》	● 全国及各省牛、山羊、绵羊、马、驴、骡、骆驼、生猪的年末存栏量
《中国畜牧业年鉴 2015》	● 全国及各省牛、肉牛、奶牛、山羊、绵羊、马、驴、骡、骆驼、生猪（繁殖母畜）及家禽的年末存栏量 ● 牧区、半牧区各省牛、牦牛、山羊、绵羊的年末存栏量
中国畜牧业行业统计数据	● 全国及各省牛、黄牛、奶牛、水牛、牦牛、山羊、绵羊、马、驴、骡、骆驼、生猪、家禽的年末存栏量 ● 不同年龄阶段牛、黄牛、奶牛、水牛、牦牛、山羊、绵羊、生猪的年末存栏量比例 ● 放牧饲养下牛、山羊、绵羊的饲养比例 ● 规模饲养中奶牛、肉牛、羊、生猪所占比例

1）动物饲养量的确定方法

- 牛、生猪、山羊、绵羊、马、驴、骡、骆驼饲养量直接采用《中国统计年鉴 2015》提供的年末存栏量数据；
- 奶牛、肉牛、家禽饲养量直接采用《中国畜牧业年鉴 2015》提供的年末存栏量数据；
- 水牛和牦牛的饲养量根据《中国畜牧业年鉴 2015》和畜牧业行业统计数据提供的年末存栏量计算获得；
- 其他牛年饲养量=牛的年末存栏量–奶牛年末存栏量–肉牛年末存栏量–水牛年末存栏量–牦牛年末存栏量。

2）不同饲养方式下年末存栏量数据确定方法

a）放牧饲养动物饲养量的确定方法

- 放牧饲养的动物主要包括奶牛、肉牛、牦牛、山羊和绵羊。
- 牛、山羊和绵羊放牧饲养量=《中国统计年鉴 2015》提供的年末饲养量×2014 年畜牧业行业统计数据提供的放牧饲养比例；
- 奶牛和肉牛放牧饲养量=《中国畜牧业年鉴 2015》中奶牛和肉牛占牛总数的比例×牛的放牧饲养量；
- 由于牦牛全部在牧区饲养，所以，牦牛放牧饲养量=牦牛饲养量。

b）规模化饲养量的确定方法

- 规模化饲养量（奶牛、肉牛、水牛、山羊、绵羊、生猪）=（总饲养量–放牧饲养量）×畜牧业行业统计数据提供的规模饲养的比例；

c）农户饲养量的确定方法

- 农户饲养量=总饲养量–规模化饲养量–放牧饲养量

3）不同饲养阶段的动物饲养量的确定方法

- 奶牛、肉牛、水牛、山羊、绵羊和生猪的不同饲养方式、不同饲养阶段的年末存栏量=该动物的不同饲养方式年末存栏量×畜牧业行业统计数据提供的各阶段饲养比例。

（3）各种动物活动水平数据计算结果

表 6-5 给出了采用 IPCC 方法 1 的 2014 年各种动物活动水平数据，表 6-6 给出了采用 IPCC 方法 2 的 2014 年各种动物在不同饲养方式下的活动水平数据，表 6-7 给出了采用 IPCC 方法 2 的 2014 年各种动物不同饲养方式、不同年龄阶段的活动水平数据。

表 6-5 2014 年采用 IPCC 方法 1 的动物活动水平数据 （单位：万头、万匹）

动物	生猪	牦牛	其他牛	马	驴、骡	骆驼
全国总存栏数	47 160.2	1 239.5	353.8	604.3	807.2	33.4

表 6-6 2014 年不同饲养方式各种动物活动水平数据 （单位：万头、万只）

饲养方式	奶牛	肉牛	水牛	山羊	绵羊
全国总存栏	1 127.8	5 288.2	997.9	14 167.2	16 223.8
规模化饲养	407.9	853.6	181.7	2 896.1	3 049.7
农户饲养	321.6	3 203.9	816.2	8 328.3	4 837.3
放牧饲养	398.4	1 230.7	—	2 943.2	8 336.9

注："—"表示该种动物无此种饲养方式，本部分下同。

表 6-7 2014 年不同饲养方式、不同饲养阶段动物活动水平数据 （单位：万头、万只）

动物种类	饲养阶段	规模化饲养	农户饲养	放牧饲养	合计
奶牛	繁殖母畜	251.0	191.0	227.5	669.4
	当年生仔畜	109.4	88.4	106.6	304.4
	其他成年畜	47.5	42.2	64.3	154.0
	合计	407.9	321.6	398.4	1 127.8
肉牛	繁殖母畜	383.4	1 409.1	622.3	2 414.8
	当年生仔畜	229.9	754.8	317.2	1 301.9
	其他成年畜	240.3	1 040.0	291.2	1 571.5
	合计	853.6	3 203.9	1 230.7	5 288.2
水牛	繁殖母畜	76.6	340.7	—	417.3
	当年生仔畜	40.3	177.0	—	217.3
	其他成年畜	64.8	298.4	—	363.3
	合计	181.7	816.2	—	997.9
山羊	繁殖母畜	1 362.8	3 933.3	1 661.7	6 957.9
	当年生仔畜	1 533.2	4 395.0	1 281.5	7 209.7
	合计	2 896.1	8 328.3	2 943.2	14 167.5
绵羊	繁殖母畜	1 884.7	2 798.7	5 287.0	9 970.5
	当年生仔畜	1 164.9	2 038.6	3 049.8	6 253.3
	合计	3 049.7	4 837.3	8 336.8	16 223.8

各省各种动物总的活动水平数据见附表 6-1，各区域采用 IPCC 方法 2 在不同饲养方式、不同年龄阶段的活动水平数据见附表 6-2、附表 6-3 和附表 6-4。

2.4 排放因子确定

2.4.1 采用 IPCC 方法 1 确定的排放因子

根据方法学选择，其他牛、马、驴、骡、骆驼为非关键排放源，故采用 IPCC 方法 1，其肠道发酵 CH_4 排放因子采用 IPCC 指南推荐的发展中国家缺省排放因子。虽然生猪是关键排放源，但 IPCC 指南没有提供生猪的排放因子计算方法，且中国饲养猪品种主要来自发达国家，故猪肠道发酵排放因子选择发达国家推荐值，牦牛的排放因子直接采用文献中给出的青藏高原牦牛排放因子实测值（表 6-8）。

表 6-8 肠道发酵 CH_4 排放因子缺省值 （单位：kg CH_4·头$^{-1}$·年$^{-1}$）

动物种类	生猪	牦牛	其他牛	马	驴、骡	骆驼
排放因子	1.5	30.0	44.0	18.0	10.0	46.0

2.4.2 利用 IPCC 方法 2 确定的排放因子

用《1996 IPCC 指南》推荐的方法 2 估算动物肠道发酵 CH_4 排放因子，计算方法如公式（6-2）所示：

$$EF = GE \times Y_m \times 365 / 55.65 \tag{6-2}$$

式中，EF——排放因子，kg CH_4·头$^{-1}$·年$^{-1}$；

GE——动物摄取的饲料总能，MJ·头$^{-1}$·天$^{-1}$。根据 IPCC 计算公式和中国特有数据计算获得。

Y_m——CH_4 转化率，是指饲料能量转化成 CH_4 的比例，%。如果没有国家特定的 CH_4 转化率，可以采用 IPCC 指南推荐的不同饲养水平下的 CH_4 转化率。

55.65——CH_4 的能量，MJ·(kg CH_4)$^{-1}$。

（1）GE——动物摄取的饲料总能

本次清单编制过程中，根据《2006 IPCC 指南》提供的计算公式和典型调查获得的动物生产参数确定了不同动物摄取的饲料总能。计算公式如下：

$$GE = \left\{\left[(NE_{\mathrm{m}} + NE_{\mathrm{a}} + NE_{\mathrm{l}} + NE_{\mathrm{work}} + NE_{\mathrm{p}}) / REM\right] + \left[(NE_{\mathrm{g}} + NE_{\mathrm{wool}}) / REG\right]\right\} / (DE\% / 100) \tag{6-3}$$

式中，GE——动物摄取饲料的总能，MJ·头$^{-1}$·天$^{-1}$；

NE_{m}——动物的维持净能，MJ·头$^{-1}$·天$^{-1}$；

NE_{a}——动物的活动净能，MJ·头$^{-1}$·天$^{-1}$；

NE_{l}——动物的泌乳净能，MJ·头$^{-1}$·天$^{-1}$；

NE_{work}——动物的劳动净能，MJ·头$^{-1}$·天$^{-1}$；

NE_p——动物妊娠需要的净能，MJ·头$^{-1}$·天$^{-1}$；

REM——日粮中维持净能与可消化能之比；

NE_g——动物的生长净能，MJ·头$^{-1}$·天$^{-1}$；；

NE_{wool}——动物产毛所需净能，MJ·头$^{-1}$·天$^{-1}$；

REG——日粮中生长净能与可消化能之比；

$DE\%$——消化能占总能的百分数。

由于中国没有详细的动物生产特性统计数据，无法直接获得排放因子计算所需要的参数。本研究根据清单编制的需要，在全国 6 个区域选择 79 个典型县进行了调研。调研人员来自各省农业大学、各省畜牧管理总站和科研院所等，清单编制团队对参加调研的技术人员进行了关于温室气体清单编制和数据调研方法的培训。表 6-9 列出了全国 6 个区域典型县的分布情况，表 6-10 列出了典型县调查涉及的主要参数；表 6-11～表 6-13 为不同饲养方式下不同动物及不同年龄阶段的动物体重、日增重、产奶量和饲料消化率等生产性能指标全国均值，并进行取整获得。

表 6-9 排放因子相关数据典型县调查情况

区域	饲养方式	涉及省数	调查省数	样县数
华北区	农户、规模化、放牧	5	2	11
东北区	农户、规模化、放牧	3	2	9
华东区	农户、规模化	7	5	20
中南区	农户、规模化	6	5	19
西南区	农户、规模化、放牧	5	3	12
西北区	农户、规模化、放牧	5	3	8
合计		31	20	79

表 6-10 典型调查收集的主要参数

类型	收集的参数
动物种类	奶牛、肉牛、水牛、山羊、绵羊、生猪和家禽
饲养方式	规模化饲养、农户饲养、放牧饲养
动物生产特性	存栏数量、年龄构成、体重、日增重、产奶量、乳脂率、产毛量、工作时间和母畜妊娠率、母畜泌乳率等
饲料特性参数	饲料构成、采食量、消化率
粪便管理方式*	放牧放养/自然消纳、燃料燃烧、固体贮存、运动场风干、液体贮存、舍内粪坑贮存（≤1 个月）、舍内粪坑贮存（>1 个月）、厌氧沼气处理、猪牛垫草垫料、堆肥和沤肥、厌氧氧化塘、肉鸡粪便垫料、好氧处理和其他

* 粪便管理方式调研数据将用于动物粪便管理方式 CH_4 和 N_2O 排放因子的计算

表 6-11 规模化饲养方式下不同饲养阶段动物生产特性调查数据全国平均结果

动物种类	奶牛			肉牛			水牛			绵羊		山羊	
二级分类	繁殖母畜	当年生仔畜	其他成年畜	繁殖母畜	当年生仔畜	其他成年畜	繁殖母畜	当年生仔畜	其他成年畜	繁殖母畜	当年生仔畜	繁殖母畜	当年生仔畜
体重/(kg·头$^{-1}$)	560	110	370	520	140	350	490	90	300	50	30	40	30
平均产奶量/(kg·头$^{-1}$·天$^{-1}$)	20.0			6.3			5.1			0.4		0.6	

续表

动物种类	奶牛			肉牛			水牛			绵羊		山羊	
二级分类	繁殖母畜	当年生仔畜	其他成年畜	繁殖母畜	当年生仔畜	其他成年畜	繁殖母畜	当年生仔畜	其他成年畜	繁殖母畜	当年生仔畜	繁殖母畜	当年生仔畜
乳脂率/%	3.7			3.9			7.4			3.7		3.7	
日增重/(kg·头$^{-1}$)		0.8	0.8		0.9	0.9		0.6	0.7		0.2		0.2
产毛量/(kg·只$^{-1}$)										2.1	1.2	0.7	0.5
泌乳率/%	83			79			75			89		88	
妊娠率/%	82			77			63			88		88	
工作时间/(小时·天$^{-1}$)							2.3		0.9				
饲料消化率/%	70	70	70	65	65	65	60	60	60	65	65	60	60

表 6-12　农户饲养方式下不同饲养阶段动物生产特性调查数据全国平均结果

动物种类	奶牛			肉牛			水牛			绵羊		山羊	
二级分类	繁殖母畜	当年生仔畜	其他成年畜	繁殖母畜	当年生仔畜	其他成年畜	繁殖母畜	当年生仔畜	其他成年畜	繁殖母畜	当年生仔畜	繁殖母畜	当年生仔畜
体重/(kg·头$^{-1}$)	520	100	360	490	140	340	490	120	340	50	30	40	25
平均产奶量/(kg·头$^{-1}$·天$^{-1}$)	16.7			5.4			3.1			0.4		0.5	
乳脂率/%	3.4			3.8			7.5			3.6		3.6	
日增重/(kg·头$^{-1}$)		0.7	0.7		0.8	0.8		0.7	0.6		0.2		0.2
产毛量/(kg·只$^{-1}$)										2.3	1.1	0.6	0.5
泌乳率/%	81			80			79			93		87	
妊娠率/%	84			77			67			88		87	
工作时间/(小时·天$^{-1}$)				2.4		1.5	2.5		1.3				
饲料消化率/%	65	65	65	65	65	60	60	60	60	60	60	60	60

表 6-13　放牧饲养方式下不同饲养阶段动物生产特性调查数据全国平均结果

动物种类	奶牛			肉牛			绵羊		山羊	
二级分类	繁殖母畜	当年生仔畜	其他成年畜	繁殖母畜	当年生仔畜	其他成年畜	繁殖母畜	当年生仔畜	繁殖母畜	当年生仔畜
体重/(kg·头$^{-1}$)	490	90	320	460	170	340	40	25	40	25
平均产奶量/(kg·头$^{-1}$·天$^{-1}$)	16.4			4.7			0.4		0.4	
乳脂率/%	3.5			3.4			3.6		3.5	
日增重/(kg·头$^{-1}$)		0.7	0.8		0.8	0.8		0.2		0.2
产毛量/(kg·只$^{-1}$)							1.9	1.0	0.3	0.2
泌乳率/%	83			85			93		77	
妊娠率/%	85			88			88		89	
工作时间/(小时·天$^{-1}$)				1.8		1.8				
饲料消化率/%	70	70	70	65	70	65	65	65	60	60

（2）Y_m——CH_4转化率的确定

Y_m——CH_4转化率的大小与饲料质量及采食水平直接相关，目前中国尚无动物肠道发酵 CH_4转化率的系统实验数据，因此本次清单编制中，采用《IPCC 良好作法指南》推荐的方法确定。

IPCC 指南推荐下列经验方法确定 CH_4转化率，除采食大量精饲料（精饲料比例在90%以上）的育肥牛 CH_4转化率按 4%±0.5%计算外，发展中国家 CH_4转化率按（6.0%～7.0%）±0.5%计算。在饲料质量比较好的情况下（消化率高），CH_4转化率采用下限值；在饲料质量比较差的条件下，CH_4转化率则采用上限值。不同饲养方式、不同动物、不同年龄阶段的 CH_4转化率见表 6-14。

表 6-14　不同饲养方式和不同年龄阶段 CH_4转化率　（%）

动物种类	奶牛			肉牛			水牛			绵羊		山羊	
二级分类	繁殖母畜	当年生仔畜	其他成年畜	繁殖母畜	当年生仔畜	其他成年畜	繁殖母畜	当年生仔畜	其他成年畜	繁殖母畜	当年生仔畜	繁殖母畜	当年生仔畜
规模化饲养	6.5	6.5	7.0	7.0	6.5	7.0	7.5	6.5	7.5	7.0	6.5	7.0	6.5
农户饲养	6.5	6.5	7.5	7.5	6.5	7.5	7.5	6.5	7.5	7.0	6.5	7.0	6.5
放牧饲养	7.0	6.5	7.0	7.0	6.5	7.0	—	—	—	7.0	6.5	7.0	6.5

根据公式 6-2 和调研获得的参数，计算获得关键源动物肠道发酵 CH_4排放因子如表 6-15 所示。从表中可以看出，同一动物不同生产阶段的 CH_4排放因子差别较大，繁殖母畜 CH_4排放因子是当年生仔畜的 1.9～5.3 倍。不同饲养方式 CH_4排放因子也有一定差别。

表 6-15　IPCC 方法 2 计算的动物肠道发酵 CH_4排放因子　（单位：kg CH_4·头$^{-1}$·年$^{-1}$）

动物种类	奶牛			肉牛			水牛			绵羊		山羊	
二级分类	繁殖母畜	当年生仔畜	其他成年畜	繁殖母畜	当年生仔畜	其他成年畜	繁殖母畜	当年生仔畜	其他成年畜	繁殖母畜	当年生仔畜	繁殖母畜	当年生仔畜
规模化饲养	109.9	21.9	58.6	80.8	32.3	69.2	110.6	22.5	72.3	12.0	6.5	13.1	7.1
农户饲养	105.3	20.0	65.4	94.3	30.4	85.5	102.8	30.0	75.9	13.5	7.2	11.7	5.9
放牧饲养	109.1	20.3	60.0	99.7	38.7	85.4	—	—	—	9.8	5.0	11.2	6.1

2.4.3　动物肠道发酵 CH_4排放因子与其他国家的比较

对不同饲养方式和饲养年龄阶段的动物肠道发酵 CH_4排放因子进行加权分析，获得了中国采用 IPCC 方法 2 计算的反刍动物肠道发酵加权排放因子，如表 6-16 所示。

表 6-16　全国加权动物肠道发酵 CH_4排放因子　（单位：kg CH_4·头$^{-1}$·年$^{-1}$）

动物类型	奶牛	肉牛	水牛	绵羊	山羊
加权排放因子	78.2	74.7	77.2	9.2	9.0

将中国的动物肠道发酵 CH_4 加权排放因子与欧盟、德国、澳大利亚、新西兰、俄罗斯、英国、美国等 2014 年排放因子，以及《1996 IPCC 指南》推荐的亚洲区域或发展中国家的排放因子进行了比较（图 6-1），结果表明，中国反刍动物肠道发酵 CH_4 排放因子均高于《1996 IPCC 指南》推荐的亚洲区域或发展中国家的排放因子。奶牛肠道发酵 CH_4 排放因子低于发达国家和地区的排放因子，其主要原因是中国奶牛的产奶量要比其他国家低；肉牛肠道发酵 CH_4 排放因子高于其他国家和地区的非奶牛排放因子，其原因是中国的肉牛饲养还比较粗放，饲料以粗饲料为主，其 CH_4 转化因子高，随着中国规模化饲养水平和饲料质量的提高，肉牛 CH_4 排放具有一定的减排潜力；绵羊的肠道发酵 CH_4 排放因子介于各发达国家和地区给出的排放因子之间；山羊总体上高于其他发达国家和地区给出的排放因子，其原因是除澳大利亚、新西兰外的发达国家均采用《1996 IPCC 指南》推荐因子，而中国、欧盟和新西兰的山羊采用 IPCC 方法 2 计算的排放因子相近。

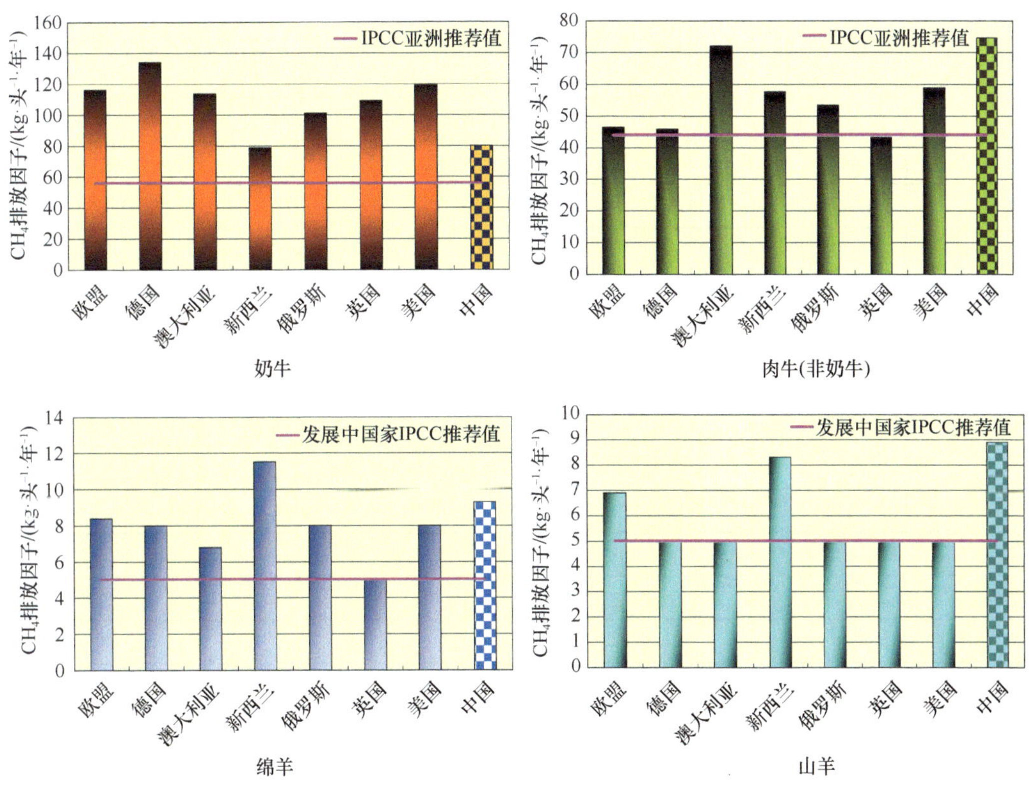

图 6-1　肠道发酵 CH_4 排放因子与其他国家和地区的比较

2.5　动物肠道发酵 CH_4 排放量估算

2014 年各区域不同饲养方式下和不同年龄阶段动物存栏量乘以相应的排放因子等于各区域不同动物、不同年龄阶段在不同饲养方式下的肠道发酵 CH_4 排放量。CH_4 排放计算见公式（6-4）。各区域动物肠道发酵 CH_4 排放量详见附表 6-5～附表 6-6，汇总结果见表 6-17。

$$CH_4\text{排放量}(Gg)=CH_4\text{排放因子}(kg\cdot\text{头}^{-1}\cdot\text{年}^{-1})\times\text{动物数量}/10^6 \quad (6\text{-}4)$$

表 6-17 2014 年中国动物肠道发酵 CH_4 排放量估算（一） （单位：Gg CH_4）

动物类型	饲养阶段	放牧饲养	规模化饲养	农户饲养	全国总量
奶牛	繁殖母畜	248.2	275.7	201.2	725.1
	当年生仔畜	21.7	24.0	17.7	63.3
	其他成年畜	38.6	27.8	27.6	94.1
	合计	308.4	327.5	246.5	882.5
肉牛	繁殖母畜	620.2	309.6	1328.3	2258.2
	当年生仔畜	122.8	74.3	229.7	426.7
	其他成年畜	248.8	166.3	889.6	1304.7
	合计	991.8	550.2	2447.6	3989.6
水牛	繁殖母畜	0.0	84.7	350.2	435.0
	当年生仔畜	0.0	9.1	53.1	62.2
	其他成年畜	0.0	46.9	226.6	273.5
	合计	0.0	140.7	629.9	770.6
绵羊	繁殖母畜	520.3	227.0	377.5	1124.8
	当年生仔畜	151.5	76.1	147.3	374.9
	合计	671.7	303.1	524.8	1499.6
山羊	繁殖母畜	186.8	178.5	460.6	825.9
	当年生仔畜	78.0	109.3	260.7	448.0
	合计	264.8	287.7	721.3	1273.9
牦牛		371.9			371.9
其他牛				155.7	155.7
生猪			290.5	416.9	707.4
马				108.8	108.8
驴				58.3	58.3
骡				22.5	22.5
骆驼				15.3	15.3
总计		2608.6	1899.8	5347.6	9856.0

2014 年动物肠道发酵 CH_4 排放量为 985.6 万 t，相当于 2.07 亿 t CO_2e。各种动物肠道发酵 CH_4 排放量见表 6-18。肉牛是最大的排放源，其 CH_4 排放量为 399.0 万 t，占排放总量的 40.5%；其次为绵羊，其 CH_4 排放量为 150.0 万 t，占总排放量的 15.2%；山羊和奶牛分别占总排放量的 12.9%和 9.0%，水牛占排放量的 7.8%。另外，尽管生猪不是反刍动物，但由于生猪养殖数量大，生猪的 CH_4 排放量仍占动物肠道发酵 CH_4 排放总量的 7.2%（图 6-2）。

表 6-18　2014 年中国动物肠道发酵 CH_4 排放量估算（二）

动物	排放量/万 t CH_4	排放量/万 t CO_2e
奶牛	88.2	1 853.2
肉牛	399.0	8 378.2
水牛	77.1	1 618.3
牦牛	37.2	780.9
其他牛	15.6	326.9
绵羊	150.0	3 149.3
山羊	127.4	2 675.1
生猪	70.7	1 485.5
马	10.9	228.4
驴、骡	8.1	169.5
骆驼	1.5	32.2
合计	985.6	20 697.6

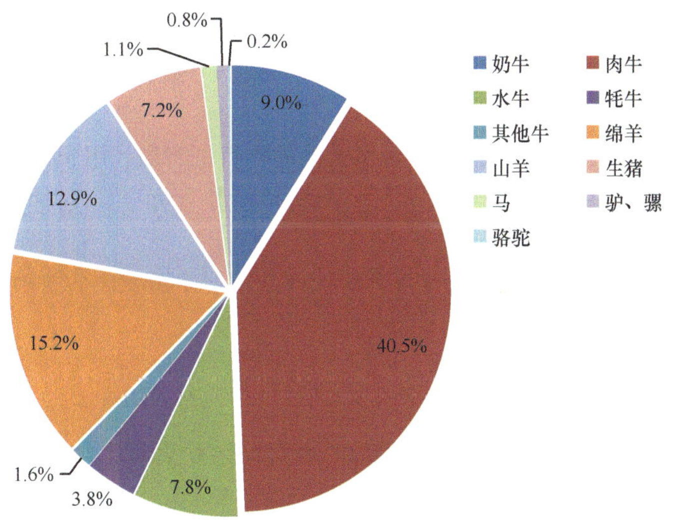

图 6-2　2014 年中国动物肠道发酵 CH_4 排放比例

2.6　数据质量评估与不确定性分析

2.6.1　在提高数据质量方面所开展的工作

本研究通过以下几方面的工作改进清单数据质量。

1）活动水平数据来自《中国统计年鉴 2015》、《中国畜牧业年鉴 2015》和原农业部提供的畜牧业行业统计数据，保证了活动水平数据的可靠性。

2）根据统计年鉴数据的可获得性，牛的分类由《中华人民共和国气候变化第二次国家信息通报》的奶牛、非奶牛和水牛三类，进一步细分为奶牛、肉牛、水牛、牦牛和其他牛，提高了用于估算肠道发酵 CH_4 排放因子相关参数的数据质量。

3）考虑到不同饲养方式下饲料种类、动物生产水平的差异，按照中国畜牧业饲养方式的分类，对主要反刍动物分别计算了规模化饲养、农户饲养和放牧饲养的 CH_4 排放因子，以反映中国畜牧业发展现状。

4）根据《IPCC 良好作法指南》，结合中国畜牧业生产实际，将动物进一步分为不同年龄阶段，分别计算不同年龄阶段 CH_4 排放因子，以反映同类动物不同年龄阶段的饲料和生产水平差异对 CH_4 排放的影响。

5）选择不同区域典型县进行了数据调研，用调研数据替代 IPCC 指南推荐的缺省参数，计算关键排放源的排放因子，一定程度上提高了排放因子的数据质量。

2.6.2 肠道发酵 CH_4 排放清单编制存在的不确定性

由于中国统计系统数据与清单编制数据需求不一致，再加上中国地域广阔，动物饲养方式多样、动物饲料资源及气候特征千差万别，因此清单中仍存在不确定性，不确定性来源主要包括以下几个方面。

1）国家统计年鉴和行业统计年鉴没有提供动物不同饲养方式、不同年龄阶段的动物饲养数据，只能采用畜牧业行业统计数据提供的不同饲养方式、不同年龄阶段的比例计算获得动物活动水平数据，而畜牧业行业统计数据与统计年鉴数据的统计口径不一致，是活动水平数据不确定性的主要来源。

2）本次调查收集到 20 个省 79 个典型县的动物特征参数，用于计算全国的平均数。由于各地区饲料水平、管理水平存在差异，由调研获得的动物生产特征数据计算的排放因子存在不确定性。

3）对非关键源采用了 IPCC 指南推荐的亚洲或发展中国家缺省排放因子，不能完全反映中国的实际，也会造成清单的不确定性。

2.6.3 不确定性分析

根据《IPCC 良好作法指南》，动物肠道发酵 CH_4 排放量不确定性分析采用误差传递方程的方法进行估算。

动物肠道发酵 CH_4 排放估算的不确定性来源于以下几个方面。

1）活动水平数据（动物统计数量）的不确定性

国家统计局提供的动物存栏量的不确定性范围选择±5%。

2）排放因子的不确定性

动物肠道发酵 CH_4 排放因子的不确定性来源主要包括以下几个方面。

- 动物体重调查数据的不确定性；
- 动物日增重调查数据的不确定性；
- 动物产奶量调查数据的不确定性；
- CH_4 转化因子的不确定性。

其中动物体重、动物日增重和动物产奶量的不确定性由调研数据的均值和标准差确定。参照《IPCC 良好作法指南》，CH_4 转化因子的不确定性选择±40%。由此计算获得 CH_4 排放因子的不确定性范围为±42.2%～±68.8%。另外，IPCC 指南提供的缺省排放因子的不确定性是 50%。

依据误差传递方程的方法计算得到动物肠道发酵 CH_4 排放量的不确定性为±19.75%（表 6-19）。

表 6-19 2014 年动物肠道发酵 CH_4 排放清单不确定性分析

IPCC 源种类		A	B	C	D	E
		2014 年动物肠道发酵 CH_4 排放量 /Gg CH_4	活动水平数据不确定性 /%	排放因子不确定性 /%	综合不确定性/%	占动物肠道发酵总排放百分比的综合不确定性/%
					$\sqrt{B^2+C^2}$	$(D\times A)/\sum A$
奶牛	繁殖母畜	725.1	5	43.6	43.87	3.23
	当年生仔畜	63.3	5	52.3	52.53	0.34
	其他成年畜	94.1	5	42.2	42.45	0.41
肉牛	繁殖母畜	2258.2	5	68.8	69.01	15.81
	当年生仔畜	426.7	5	48.1	48.37	2.09
	其他成年畜	1304.7	5	47.4	47.64	6.31
水牛	繁殖母畜	435.0	5	54.6	54.80	2.42
	当年生仔畜	62.2	5	51.9	52.12	0.33
	其他成年畜	273.5	5	48.8	49.05	1.36
绵羊	繁殖母畜	1124.8	5	49.2	49.46	5.64
	当年生仔畜	374.9	5	53.4	53.65	2.04
山羊	繁殖母畜	825.9	5	50.6	50.87	4.26
	当年生仔畜	448.0	5	51.9	52.15	2.37
生猪		707.4	5	50.0	50.25	3.61
牦牛		371.9	5	50.0	50.25	1.90
其他牛		155.7	5	50.0	50.25	0.79
马		108.8	5	50.0	50.25	0.55
驴、骡		80.7	5	50.0	50.25	0.41
骆驼		15.3	5	50.0	50.25	0.08
合计		9856.0				19.75

3. 动物粪便管理 CH_4 排放清单

3.1 排放源与关键源的确定

3.1.1 排放源界定

动物粪便管理 CH_4 排放是指在动物粪便施入土壤之前动物粪便贮存和处理所产生的 CH_4。这里的“粪便”是指家畜排泄的粪便和尿液（固体部分和液体部分）。动物粪便在贮存和处理过程中 CH_4 的排放因子取决于粪便特性、粪便管理方式、不同粪便管理方式使用比例及当地气候条件等。

根据中国动物饲养情况和统计数据的可获得性，动物粪便管理 CH_4 排放源包括生猪、肉牛、奶牛、水牛、牦牛、其他牛、山羊、绵羊、马、驴、骡、骆驼、家禽和兔 14 种动物粪便。

动物粪便管理方式包括放牧放养/自然消纳、燃料燃烧、固体贮存、运动场风干、液体贮存、舍内粪坑贮存（≤1 个月）、舍内粪坑贮存（>1 个月）、厌氧沼气处理、猪牛垫草垫料、堆肥和沤肥、厌氧氧化塘、肉鸡粪便垫料、好氧处理和其他 14 种方式。

3.1.2 关键排放源的确定

依据《IPCC 良好作法指南》确定动物粪便管理 CH_4 的关键排放源。由于中国没有多年连续的排放清单，只能采用关键源识别方法 1 确定关键排放源。具体计算过程与确定动物肠道发酵 CH_4 排放关键源的方法相同。根据计算结果得出生猪、肉牛、家禽、山羊、奶牛和绵羊为关键排放源，水牛、兔、牦牛、马、其他牛、驴、骡和骆驼为非关键排放源，动物粪便管理 CH_4 排放关键源分析的结果见表 6-20。

表 6-20 2014 年动物粪便管理 CH_4 排放关键源分析表

IPCC 源类型	2014 年排放量估计/万 t CH_4	占总排放量的比例/%	排放比例累计/%	是否为关键源
生猪	182.6	51.7	51.7	是
肉牛	53.7	15.2	66.9	是
家禽	46.2	13.1	80.0	是
山羊	20.3	5.7	85.8	是
奶牛	17.6	5.0	90.8	是
绵羊	15.5	4.4	95.2	是
水牛	11.9	3.4	98.5	否
兔	1.8	0.5	99.0	否
牦牛	1.2	0.4	99.4	否
马	0.8	0.2	99.6	否
其他牛	0.7	0.2	99.8	否
驴	0.4	0.1	99.9	否
骡	0.2	0.0	100.0	否
骆驼	0.1	0.0	100.0	否
总计	353.0			

3.2 清单编制方法

根据关键源判定和数据的可获得性决定是否采用 IPCC 方法 2 估算动物粪便管理 CH_4 排放。生猪、肉牛、山羊、奶牛和绵羊采用 IPCC 方法 2 估算 CH_4 排放因子。尽管水牛是非关键源，但考虑到水牛是主要的反刍动物，在估算肠道发酵 CH_4 排放时已经获得了水牛的生产特性参数，因此，本报告也采用 IPCC 方法 2 估算水牛的 CH_4 排放因子。

另外，虽然家禽属于关键排放源，但由于获得家禽的采食量、饲料消化率等相关数据难度大，所以在本研究中采用了利用 IPCC 方法 1 估算家禽粪便管理 CH_4 排放量。采用 IPCC 方法 1 估算非关键排放源牦牛、其他牛、兔、马、驴、骡、骆驼的粪便 CH_4 排放（表 6-21）。

表 6-21　编制动物粪便管理 CH_4 排放清单采用的方法

动物类型	采用方法	排放因子
生猪、奶牛、肉牛、水牛、绵羊、山羊	方法 2	本地化
家禽、牦牛、其他牛、兔、马、驴、骡、骆驼	方法 1	缺省值

3.3　活动水平数据及来源

3.3.1　活动水平数据需求

根据《1996 IPCC 指南》规定的粪便管理 CH_4 排放清单编制方法，对于采用方法 1 计算的动物，活动水平数据为各类动物在不同气候区域年平均饲养量；对于采用方法 2 计算的动物，在获得各类动物在不同气候区的总饲养量外，还需要获得不同饲养方式、不同年龄阶段的饲养量数据。

3.3.2　活动水平数据来源及确定方法

采用方法 1 估算动物粪便管理 CH_4 排放量的动物包括家禽、牦牛、其他牛、兔、马、骆驼、驴和骡，活动水平数据采用《中国统计年鉴 2015》、《中国畜牧业年鉴 2015》年末存栏量，数据与动物肠道发酵 CH_4 排放活动水平数据一致，同时基于第三次全国农业普查，对 2015 年主要动物年末存栏量进行了调整。

采用方法 2 估算动物粪便管理 CH_4 排放量的动物包括生猪、肉牛、奶牛、水牛、山羊和绵羊，除了年饲养量外，还需要获得不同气候区、不同饲养方式、不同年龄阶段的存栏量，获得方法与肠道发酵 CH_4 方法一致，不同区域的活动水平数据详见附表 6-2～附表 6-4。

3.4　排放因子确定

3.4.1　利用 IPCC 方法 1 确定的排放因子

气候条件和粪便管理方式是影响动物粪便 CH_4 排放的主要因素，因此，在计算关键排放源的粪便管理 CH_4 排放时，考虑了不同气候区域（温暖气候区、寒冷气候区、炎热气候区）和粪便管理方式使用比例对粪便管理 CH_4 排放因子的影响。

不同气候区的定义：年平均温度低于或等于 15℃为寒冷区、年平均温度高于 15℃且低于 25℃为温暖区，年平均温度高于 25℃为炎热区。

根据关键源识别和方法学选择结果，牦牛、其他牛、马、驴、骡、骆驼和家禽将采用 IPCC 方法 1 确定各区域的动物粪便管理 CH_4 排放因子。

《1996 IPCC 指南》的方法 1 提供了发展中国家不同气候区不同动物粪便管理的缺省 CH_4 排放因子。本研究根据中国气象数据网提供的中国地面累年值数据集，获得 2014 年全国各省和 6 个区域的年平均气温，确定不同区域所属省份采用方法 1 计算的动物（牦牛、其他牛、家禽、马、驴、骡、骆驼和兔）粪便管理 CH_4 排放因子（表 6-22）。

表 6-22　不同气候区粪便管理 CH_4 排放因子缺省值　（单位：kg CH_4·头$^{-1}$·年$^{-1}$）

气候区	牦牛	其他牛	家禽	马	驴、骡	骆驼	兔
寒冷气候区（华北区、东北区、西南区和西北区）	1.0	1.0	0.012	1.1	0.6	1.3	0.08
温暖气候区（华东区和中南区）	1.0	2.0	0.018	1.6	0.9	1.9	0.08

3.4.2　利用 IPCC 方法 2 确定的排放因子

《1996 IPCC 指南》推荐的方法 2 估算动物粪便管理 CH_4 排放因子的计算公式如下：

$$EF_{ik} = VS_i \times 365 \times 0.67 \times B_{oi} \times \sum(MCF_{jk} \times MS_{ijk}) \tag{6-5}$$

式中，EF_{ik}——动物种类 i、气候区 k 的 CH_4 排放因子，kg CH_4·头$^{-1}$·年$^{-1}$；

VS_i——动物种类 i 每日挥发性固体排泄量，kg VS·头$^{-1}$·天$^{-1}$；

B_{oi}——动物种类 i 的粪便 CH_4 产生潜力，m^3·(kg VS)$^{-1}$；

MCF_{jk}——粪便管理方式 j、气候区 k 的 CH_4 转化系数，%；

MS_{ijk}——动物种类 i、气候区 k、粪便管理方式 j 的使用比例，%；

0.67——CH_4 的密度，kg/m^3。

VS_i 由通过调研获得平均日采食量和饲料消化率数据，利用 IPCC 提供的公式（6-6）计算得出；B_{oi} 利用 IPCC 指南推荐的缺省值；MCF_{jk} 通过调研粪便管理方式和各区域的年平均温度确定；MS_{ijk} 通过调研获得各个区域、不同动物、不同粪便管理方式的使用比例。具体方法如下。

（1）挥发性固体排泄量的计算

《1996 IPCC 指南》提供了估算挥发性固体排泄量（VS）的计算方法，公式如下：

$$VS = GE \times (1/18.45) \times (1 - DE/100) \times (1 - ASH/100) \tag{6-6}$$

式中，VS——挥发性固体排泄量（干物质），kg VS·头$^{-1}$·天$^{-1}$；

GE——摄取饲料总能，MJ·头$^{-1}$·天$^{-1}$；

DE——消化能占总能的百分数，%；

ASH——粪便灰分含量，%。

不同动物在不同饲养方式下的摄取饲料总能取值与肠道发酵 CH_4 排放计算获得的采食总能一致；饲料消化率根据调研获得，也与肠道发酵 CH_4 排放采用的饲料消化率一致。粪便灰分含量采用 IPCC 指南推荐的缺省值，取 8%。不同动物的饲料消化率调查结果和挥发性固体排泄量的计算结果见表 6-23。

表 6-23　不同动物、不同饲养方式的饲料消化率调查和挥发性固体计算结果

动物	饲养阶段	饲料消化率（DE，%）			挥发性固体排泄量（VS，kg·头$^{-1}$·天$^{-1}$）		
		规模化饲养	农户饲养	放牧饲养	规模化饲养	农户饲养	放牧饲养
奶牛	繁殖母畜	70.0	65.0	70.0	3.64	4.10	3.33
	当年生仔畜	70.0	65.0	70.0	0.83	0.95	0.76
	其他成年畜	70.0	65.0	70.0	2.06	2.49	2.10
肉牛	繁殖母畜	65.0	65.0	65.0	2.82	3.05	3.42
	当年生仔畜	65.0	65.0	70.0	1.32	1.25	1.36
	其他成年畜	65.0	60.0	65.0	2.63	3.47	3.25
水牛	繁殖母畜	60.0	60.0	—	4.14	3.80	—
	当年生仔畜	60.0	60.0	—	1.05	1.40	—
	其他成年畜	60.0	60.0	—	2.93	3.08	—
绵羊	繁殖母畜	65.0	60.0	65.0	0.45	0.58	0.37
	当年生仔畜	65.0	60.0	65.0	0.26	0.33	0.20
山羊	繁殖母畜	60.0	60.0	60.0	0.57	0.51	0.49
	当年生仔畜	60.0	60.0	60.0	0.33	0.28	0.28
生猪	繁殖母畜	70.0	70.0	—	0.52	0.48	—
	当年生仔畜	75.0	72.0	—	0.25	0.25	—

（2）CH_4产生潜力

粪便管理CH_4产生潜力（B_0）随动物种类和日粮变化有所不同，由于中国目前还没有这方面的研究结果，B_0为《1996 IPCC 指南》中推荐的缺省值，其中规模化饲养选用发达国家推荐值，农户和放牧饲养选择发展中国家推荐值（表 6-24）。

表 6-24　不同动物粪便管理CH_4产生潜力　单位：[m^3 CH_4·(kg VS)$^{-1}$]

动物类型	CH_4产生潜力		
	规模化饲养	农户饲养	放牧饲养
奶牛	0.24	0.13	0.13
肉牛	0.19	0.10	0.10
水牛	0.10	0.10	—
生猪	0.45	0.29	—
山羊	0.18	0.13	0.13
绵羊	0.19	0.13	0.13

（3）粪便管理方式的使用比例

《1996 IPCC 指南》中推荐了 13 种动物粪便管理方式，同时根据中国畜牧业的特点，对应分类为 14 种，并给出了每一种粪便管理方式的定义，本研究根据《1996 IPCC 指南》

对粪便管理方式的定义，调查获得不同区域规模化和农户饲养两种管理方式下不同动物粪便管理方式的使用比例，并基于此进行分区域分畜种的粪便管理排放因子的计算。

（4）CH_4 转化因子（MCF）

CH_4 转化因子定义为某种粪便管理方式的 CH_4 实际产量占 CH_4 产生潜力的比例。依据各区域的平均气温，选择合适的 IPCC 指南缺省值，全国 6 个区域不同粪便管理方式的 CH_4 转化因子取值详见附表 6-7。

根据公式（6-5），计算不同饲养方式、不同年龄阶段分区域的动物粪便管理 CH_4 排放因子，见附表 6-8～附表 6-10。采用 IPCC 方法 2 获得全国加权动物粪便管理 CH_4 排放因子，见表 6-25。

表 6-25 采用 IPCC 方法 2 的加权动物粪便管理 CH_4 排放因子（单位：kg CH_4·头$^{-1}$·年$^{-1}$）

动物类型	奶牛	肉牛	水牛	绵羊	山羊	生猪
加权排放因子	12.76	9.09	11.24	0.97	1.49	4.12

3.4.3 动物粪便管理 CH_4 排放因子与国外比较

将动物粪便管理 CH_4 排放加权因子与欧盟、德国、澳大利亚、新西兰、俄罗斯、英国、美国等 2014 年排放因子和 IPCC 亚洲推荐排放因子进行比较（图 6-3）。肉牛和水

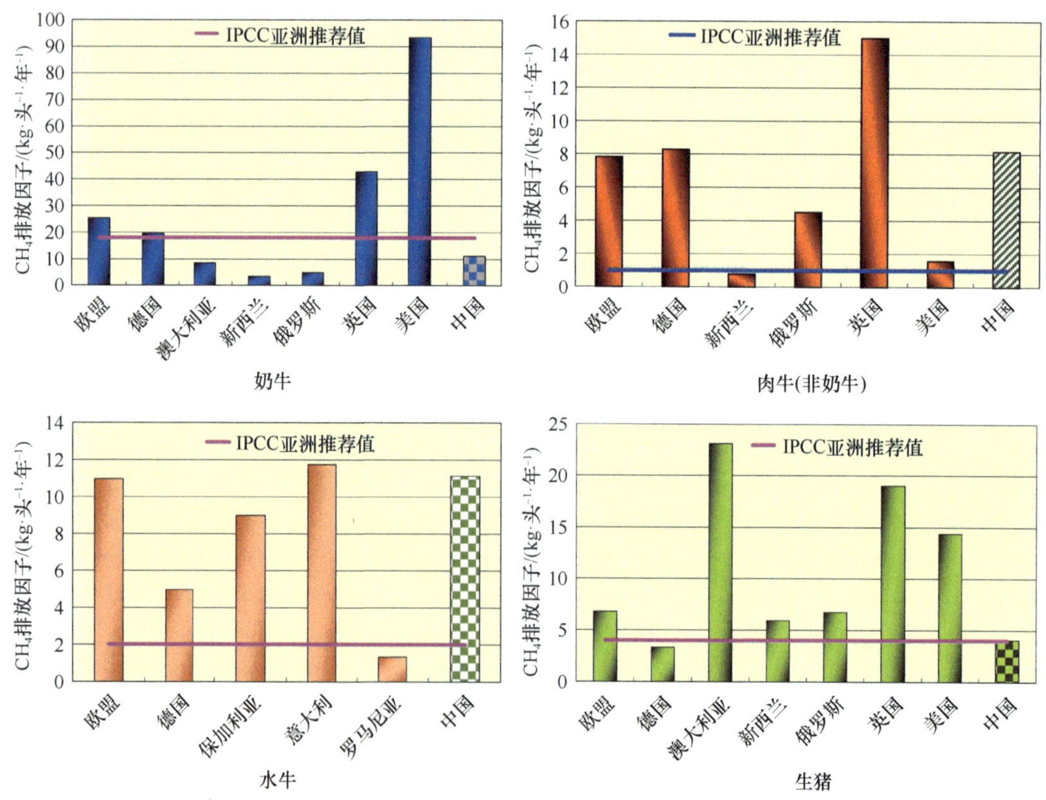

图 6-3 动物粪便管理 CH_4 排放因子与其他国家和地区的比较

牛的粪便管理 CH_4 排放因子高于 IPCC 亚洲推荐排放因子，奶牛粪便管理 CH_4 排放因子低于 IPCC 亚洲推荐排放因子，生猪的粪便管理 CH_4 排放因子与 IPCC 指南推荐值基本一致。各个国家和地区的排放因子差异较大，主要原因与粪便管理方式、气候条件等因素有关。

3.5 动物粪便管理 CH_4 排放量估算

动物粪便管理 CH_4 排放量等于活动水平数据乘以相应的排放因子。对于利用 IPCC 方法 1 的动物（牦牛、其他牛、家禽、兔、马、驴、骡、骆驼），其粪便管理 CH_4 排放量等于各区域 2014 年存栏量（附表 6-1）乘以相应的缺省排放因子（表 6-22），分区域计算结果见附表 6-11。

对于利用 IPCC 方法 2 的动物（奶牛、肉牛、水牛、山羊、绵羊和生猪），首先计算各区域不同饲养方式、不同年龄阶段的动物粪便管理 CH_4 排放量，然后相加得出各种动物的粪便管理 CH_4 排放量。2014 年中国不同动物粪便管理 CH_4 排放汇总见表 6-26，详细计算结果见附表 6-12。

表 6-26 2014 年中国动物粪便管理 CH_4 排放量估算

动物	排放量/万 t CH_4	排放量/万 t CO_2e
奶牛	14.0	293.1
肉牛	44.4	931.9
水牛	11.2	235.4
牦牛	1.2	26.0
其他牛	0.4	7.8
绵羊	16.6	348.3
山羊	21.1	443.6
生猪	194.8	4090.5
马	0.7	15.2
驴、骡	0.5	10.3
骆驼	0.0	0.9
家禽	8.9	186.5
兔	1.7	36.1
合计	315.5	6625.6

2014 年动物粪便管理 CH_4 排放量为 315.5 万 t CH_4，折合 6625.6 万 t CO_2e。生猪是动物粪便管理 CH_4 排放的主要来源，其排放量占粪便管理 CH_4 排放的 61.7%，肉牛粪便 CH_4 排放占 14.1%，山羊和奶牛各占 6.7%和 4.4%，各种动物粪便管理 CH_4 排放量占比见图 6-4。

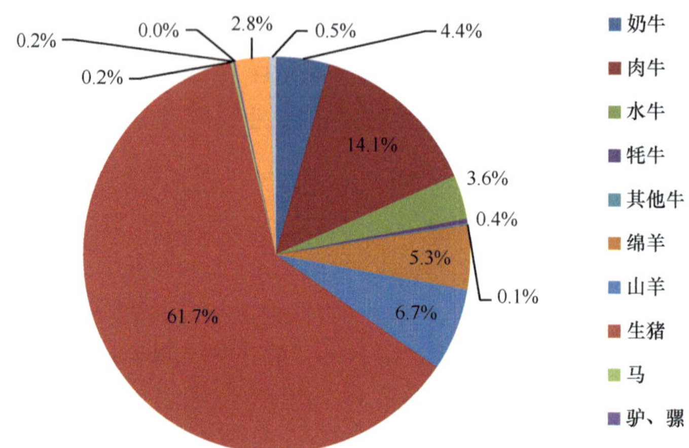

图 6-4 不同动物粪便管理 CH_4 排放所占比例

3.6 数据质量评估与不确定性分析

3.6.1 本次编制的清单与过去编制的清单的比较，降低了不确定性

与以往的清单编制相比，除了在肠道发酵部分描述的活动水平数据质量有所改进外，在动物粪便管理 CH_4 排放方面，本次估算还对不同区域动物粪便管理方式及其比例进行了调研，获得了不同区域、不同饲养方式下的粪便管理方式使用比例，直接应用于方法 2 中计算 CH_4 排放因子。

3.6.2 粪便管理 CH_4 排放清单编制存在的不确定性

除了肠道发酵 CH_4 排放部分描述的动物饲养量、动物生产特征参数存在的不确定性外，粪便管理方式多样、气候特征千差万别，调查数据代表性还存在一定的不确定性。

1）中国没有粪便管理方式使用比例的统计数据，用 79 个典型县调查获得的粪便管理方式使用比例参数代表 6 个区域，估算中国动物粪便管理 CH_4 排放因子还存在不确定性；

2）尽管已经考虑了 13 种粪便管理方式，但不能完全代表中国粪便管理方式和运行参数；

3）粪便管理 CH_4 产生潜力直接采用 IPCC 指南缺省值，不一定完全符合中国的粪便特征。

3.6.3 不确定性分析

动物粪便管理 CH_4 排放估算的不确定性来源于以下几个方面。

1）活动水平数据的不确定性

国家统计局提供的动物存栏量的不确定性范围选择±5%。

2）排放因子的不确定性

粪便管理 CH_4 排放因子的不确定性来源主要包括以下几个方面。

- 动物采食总能的不确定性；
- 饲料消化率调查数据的不确定性；
- 不同粪便管理方式使用比例的不确定性；
- CH_4转化因子的不确定性。

其中，饲料消化率的不确定性由调研数据的均值和标准差确定；采食总能数据根据动物采食总能相关数据的不确定性均值取值13.0%～56.0%；参照《IPCC良好作法指南》，粪便中灰分的不确定性选择±20.0%；粪便管理方式的不确定性选择±50.0%。由此计算获得CH_4排放因子的不确定性范围为±55.5%～±78.4%。

在计算排放量不确定性过程中，动物饲养数量的不确定性范围选择±5.0%，利用IPCC方法1缺省值的动物排放因子不确定性选择±50.00%，依据误差传递方程的方法进行计算，动物粪便管理CH_4排放量的不确定性范围为±31.10%（表6-27）。

表6-27　2014年中国动物粪便管理CH_4排放量估算的不确定性分析

IPCC 源种类		*A*	*B*	*C*	*D*	*E*
		2014年动物粪便管理CH_4排放量/Gg CH_4	活动水平数据不确定性/%	排放因子不确定性/%	综合不确定性/%	占2014年动物粪便管理总排放百分比的综合不确定性/%
					$\sqrt{B^2+C^2}$	$(D\times A)/\sum A$
奶牛	繁殖母畜	117.1	5.0	57.13	57.34	2.13
	当年生仔畜	10.5	5.0	65.01	65.20	0.22
	其他成年畜	12.0	5.0	56.14	56.36	0.21
肉牛	繁殖母畜	233.4	5.0	78.44	78.60	5.82
	当年生仔畜	50.9	5.0	61.46	61.66	1.00
	其他成年畜	159.4	5.0	60.20	60.41	3.05
水牛	繁殖母畜	62.9	5.0	66.05	66.24	1.32
	当年生仔畜	10.3	5.0	63.18	63.38	0.21
	其他成年畜	38.9	5.0	60.67	60.87	0.75
绵羊	繁殖母畜	119.2	5.0	61.20	61.40	2.32
	当年生仔畜	46.6	5.0	64.96	65.16	0.96
山羊	繁殖母畜	130.0	5.0	63.48	63.68	2.62
	当年生仔畜	81.2	5.0	63.91	64.11	1.65
生猪	繁殖母畜	370.0	5.0	55.52	55.74	6.54
	当年生仔畜	1577.9	5.0	58.27	58.49	29.25
牦牛		12.4	5.0	50.00	50.25	0.19
其他牛		3.7	5.0	50.00	50.25	0.06
马		7.2	5.0	50.00	50.25	0.11
驴、骡		4.9	5.0	50.00	50.25	0.08
骆驼		0.4	5.0	50.00	50.25	0.01
家禽		88.8	5.0	50.00	50.25	1.41
兔		17.2	5.0	50.00	50.25	0.27
合计		3155.0				31.10

4. 动物粪便管理 N_2O 排放清单

4.1 排放源的界定

动物粪便管理 N_2O 排放是指在动物粪便施入土壤之前动物粪便贮存和处理过程中所产生的 N_2O。动物粪便在贮存和处理过程中 N_2O 的排放因子主要取决于不同动物每日排泄粪便中氮的含量和不同粪便管理方式所占比例。

根据中国畜禽饲养情况，同时考虑统计数据的可获得性，本研究确定生猪、肉牛、奶牛、水牛、牦牛、其他牛、山羊、绵羊、马、驴、骡、骆驼、家禽和兔为动物粪便管理 N_2O 排放源。

与动物粪便管理 CH_4 排放一致，动物粪便管理 N_2O 排放包括 14 种粪便管理方式，包括放牧放养/自然消纳、燃料燃烧、固体贮存、运动场风干、液体贮存、舍内粪坑贮存（≤1 个月）、舍内粪坑贮存（>1 个月）、厌氧沼气处理、猪牛垫草垫料、堆肥和沤肥、厌氧氧化塘、肉鸡粪便垫料、好氧处理和其他。

4.2 清单编制方法

对于粪便管理 N_2O 排放，IPCC 指南推荐的方法学中只推荐了一种编制方法，没有区分方法 1 和方法 2。本次清单编制采用《1996 IPCC 指南》推荐的方法估算动物粪便管理 N_2O 排放，计算如公式（6-7）所示。根据数据的可获得性，对于生猪、家禽、肉牛、奶牛 4 类关键排放源动物的氮排泄量采用本地特征参数，粪便管理方式比例采用调查获取，而对于山羊、绵羊、兔、牦牛和马等关键排放源和非关键源相关参数直接采用 IPCC 指南缺省值。

$$N_2O_T = N_{(T)} \times NEX_{(T)} \times \sum_{AWMS} \left[MS_{(T,AWMS)} \times EF_{3(AWMS)} \right] \times \frac{44}{28} \tag{6-7}$$

式中，N_2O_T——动物类型 T 粪便管理的 N_2O 排放量，kg N_2O·年$^{-1}$；

$N_{(T)}$——动物类型 T 的数量，头或只；

$NEX_{(T)}$——动物类型 T 每年氮的排泄量，kgN·年$^{-1}$；

$MS_{(T,AWMS)}$——不同动物类型在不同粪便管理方式下处理粪便的比例，%；

$EF_{3(AWMS)}$——不同粪便管理方式的 N_2O 排放因子, kg N_2O-N·(kg N)$^{-1}$。

4.3 活动水平数据及来源

2014 年不同动物活动水平数据来源于《中国统计年鉴 2015》的动物年末存栏量，主要畜禽相关活动水平数据与动物粪便管理 CH_4 排放的活动水平数据一致。

4.4 排放因子确定

4.4.1 不同粪便管理方式的 N_2O 排放因子

中国目前还没有针对不同粪便管理方式的 N_2O 排放因子的系统测定值，与大多数发达国家相同，本次研究采用 IPCC 指南推荐的不同粪便管理方式的 N_2O 排放因子缺省值（表 6-28）。

表 6-28 不同粪便管理方式的 N_2O 排放因子 [单位：kg N_2O-N·(kg N)$^{-1}$]

粪便管理方式	放牧放养/自然消纳	燃料燃烧	固体贮存	干化场	堆肥	垫料养殖	舍内粪坑贮存	液体贮存	厌氧氧化塘	沼气池	好氧处理	其他
排放因子	0.02	0.007	0.02	0.02	0.02	0.005	0.001	0.001	0.001	0.001	0.02	0.001

4.4.2 动物年均氮排泄量的确定

动物年均氮排泄量［$NEX_{(T)}$］是估算 N_2O 的主要参数。本次清单编制中，生猪、牛、家禽（蛋鸡和肉鸡）等主要动物使用《第一次全国污染源普查畜禽养殖业源产排污系数手册》提供的数据，该手册是依据全国布置的 221 个监测点的监测结果计算获得的全国平均值（表 6-29），其他动物粪便的氮排泄量则采用《1996 IPCC 指南》给出的缺省值。

表 6-29 动物粪便年均氮排泄量 （单位：kg·头$^{-1}$·年$^{-1}$）

动物类型	氮排泄量	数据来源
奶牛	66.8	《第一次全国污染源普查畜禽养殖业源产排污系数手册》
肉牛、水牛	39.6	
牦牛、其他牛	39.6	
生猪	11.0	
家禽	0.4	
绵羊、山羊	12	《1996 IPCC 指南》推荐值
兔	8.1	
马、骆驼	40	
驴、骡	40	

4.4.3 动物氮排泄量与其他国家和地区的比较

将中国主要动物氮排泄量与欧盟、德国、澳大利亚、新西兰、俄罗斯、英国、美国和 IPCC 指南推荐的亚洲区域的动物粪便氮排泄量缺省值进行比较（图 6-5）。从图上可以看出，中国奶牛氮排泄量低于其他发达国家和地区，但高于 IPCC 指南推荐的亚洲区域或发展中国家氮排泄量；肉牛与 IPCC 指南推荐缺省值基本一致，低于其他发达国家和地区给出的氮排泄量；生猪的氮排泄量与主要发达国家和地区的氮排泄量基本相同，但是高于 IPCC 指南推荐的亚洲区域缺省值，这与中国猪品种主要来自发达国家有关；

家禽氮排泄量低于 IPCC 指南推荐的亚洲区域氮排泄量，其排泄量介于其他所列国家和地区动物氮排泄量之间，具有可比性。

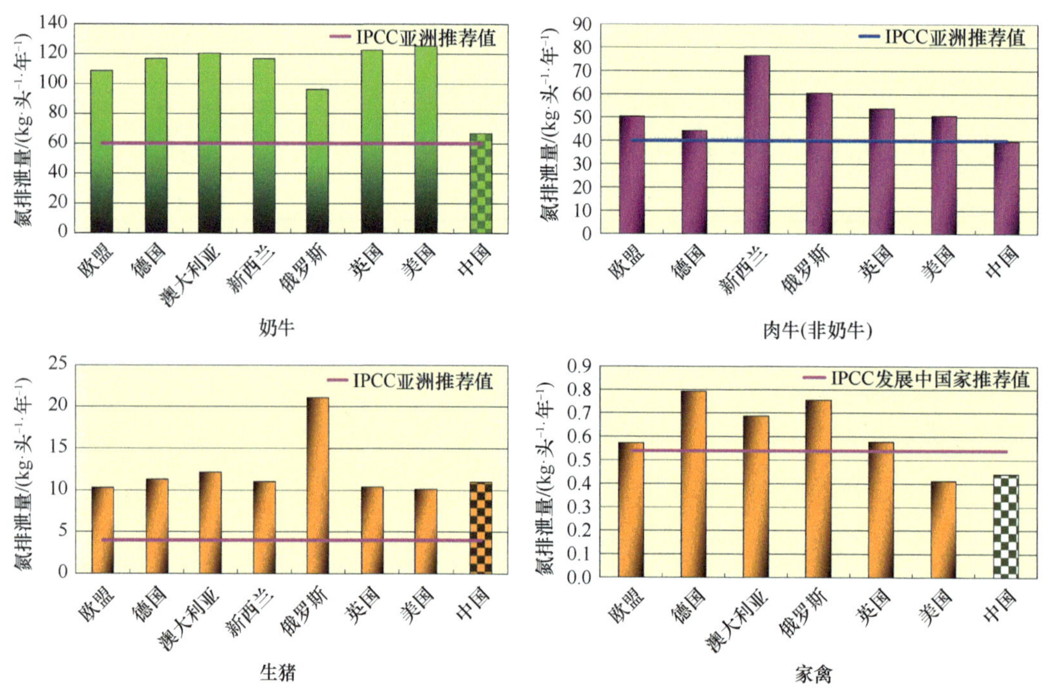

图 6-5 动物粪便氮排泄量与其他国家和地区的比较

4.4.4 粪便管理方式的使用比例

各区域不同粪便管理方式的使用比例与计算粪便管理 CH_4 排放的数据一致。

4.4.5 每种动物的粪便 N_2O 排放因子

依据 IPCC 指南推荐的方法，根据不同动物粪便氮排泄量、不同粪便管理方式的 N_2O 排放因子和各区域不同动物粪便管理方式使用比例，计算得出各区域不同动物在规模化饲养和农户饲养方式下粪便管理 N_2O 排放因子，详见附表 6-13 和附表 6-14，汇总获得不同动物的 N_2O 排放因子的全国加权平均值如表 6-30 所示。

表 6-30 全国加权动物粪便管理 N_2O 排放因子 （单位：kg N_2O·头$^{-1}$·年$^{-1}$）

动物类型	奶牛	肉牛	水牛	牦牛	其他牛	绵羊	山羊	生猪	家禽	马	驴、骡	骆驼	兔
加权排放因子	1.17	0.65	0.69	0.85	0.63	0.24	0.23	0.15	0.01	1.26	1.26	1.26	0.061

4.5 动物粪便管理 N_2O 排放量估算

各区域动物粪便管理 N_2O 排放量等于不同区域每种动物的饲养量乘以相应的排放因子，计算结果如表 6-31 所示；各区域计算结果见附表 6-15。牧区各种动物粪便管理 N_2O 排放量没有计入，归入农田草地管理 N_2O 排放。

表 6-31　2014 年中国动物粪便管理 N_2O 排放量估算

动物	排放量/kt N_2O	排放量/kt CO_2 eq
奶牛	8.4	2 594.2
肉牛	27.2	8 431.6
水牛	6.9	2 126.3
绵羊	19.3	5 990.2
山羊	25.8	7 986.6
生猪	68.6	21 251.9
家禽	42.6	13 218.1
其他牛	2.2	689.5
马	7.6	2 355.2
驴	7.3	2 270.5
骡	2.8	875.2
骆驼	0.4	130.0
兔	13.7	4 241.9
合计	232.8	72 161.1

2014 年中国动物粪便管理 N_2O 排放总量为 23.3 万 t，相当于 7216.1 万 t CO_2e（不包括牧区放牧饲养动物粪便管理 N_2O 排放）。生猪粪便管理 N_2O 排放量最大，占动物粪便管理 N_2O 排放总量的 29.5%，家禽占 18.3%，肉牛占 11.7%，山羊占 11.1%（图 6-6）。

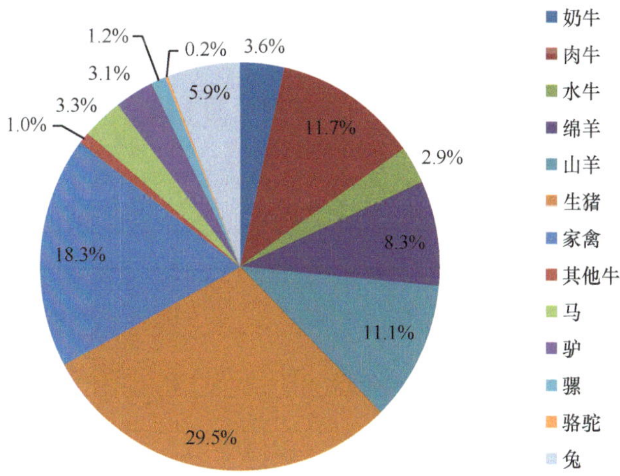

图 6-6　不同动物粪便管理 N_2O 排放比例

4.6　数据质量评估与不确定性分析

4.6.1　清单编制改进

与以往的清单编制相比，除了在肠道发酵和粪便管理 CH_4 排放部分描述的活动水平数据分类改进外，在动物粪便管理 N_2O 排放清单编制方面还有以下两个方面的改进。

1）调研获得了不同区域规模化饲养和农户饲养的主要粪便管理方式使用比例数据；

2）主要动物的氮排泄量采用全国第一次污染源普查中测定的数据，与以往采用

IPCC 指南推荐的缺省值相比，更符合中国实际情况。

4.6.2 粪便管理 N_2O 排放清单的不确定性

除了肠道发酵 CH_4 排放部分描述的动物饲养量、动物生产特征参数存在的不确定性、粪便管理 CH_4 排放部分描述的粪便管理方式的不确定性外，粪便管理 N_2O 排放清单的不确定性还包括以下两个方面。

1）尽管关键排放源的氮排泄量采用了中国的测定数据，但其他动物的氮排泄量仍采用 IPCC 指南缺省值；

2）粪便管理 N_2O 排放因子直接采用 IPCC 指南缺省值，不一定完全符合中国的粪便特征和不同粪便管理方式下的 N_2O 产生特征。

4.6.3 不确定性分析

动物粪便管理 N_2O 排放估算的不确定性来源于以下几个方面。

1）动物统计数量的不确定性；

2）动物粪便中氮排泄量的不确定性；

3）不同粪便管理方式使用比例的不确定性；

4）N_2O 排放因子的不确定性。

参照《IPCC 良好作法指南》，动物粪便中氮排泄量的不确定性为±17.5%～±50%，粪便管理方式的不确定性为±50%，不同粪便管理方式的 N_2O 排放因子的不确定性为±100%，由此计算获得不同动物 N_2O 排放因子的不确定性范围为±112%～±122%。

在计算排放量不确定性过程中，动物饲养数量的不确定性范围为±5%，依据误差传递方程的方法计算得到动物粪便管理 N_2O 排放量的不确定性为±45.7%（表 6-32）。

表 6-32 2014 年中国动物粪便管理 N_2O 排放量估算的不确定性分析

IPCC 源种类	*A*	*B*	*C*	*D*	*E*
	2014 年动物粪便管理 N_2O 排放量/Gg N_2O	活动水平数据不确定性/%	排放因子不确定性/%	综合不确定性/%	占 2014 年动物粪便管理 N_2O 总排放百分比的综合不确定性/%
				$\sqrt{B^2+C^2}$	$(D\times A)/\sum A$
奶牛	8.4	5	112.04	112.15	4.0
肉牛	27.2	5	111.80	111.92	13.1
水牛	6.9	5	111.80	111.92	3.3
绵羊	19.3	5	122.47	122.58	10.2
山羊	25.8	5	122.47	122.58	13.6
生猪	68.6	5	111.80	111.92	33.0
其他牛	2.2	5	122.47	122.58	1.2
马	7.6	5	122.47	122.58	4.0
驴、骡	10.1	5	122.47	122.58	5.3
骆驼	0.4	5	122.47	122.58	0.2
家禽	42.6	5	111.81	111.92	20.5
兔	13.7	5	122.47	122.58	7.2
合计	232.8				45.7

5. 畜牧业温室气体清单汇总

5.1　畜牧业温室气体排放总量

2014 年中国畜牧业温室气体排放量为 3.45 亿 t CO_2e（不包括港、澳、台地区数据），其中，CH_4 排放量为 1301.1 万 t，折合 2.73 亿 t CO_2e，占总排放量的 79.1%；N_2O 排放量 23.3 万 t，折合 0.72 亿 t CO_2e，占排放量的 20.9%，详见表 6-1。

在 3 个畜牧业温室气体排放源中，动物肠道发酵 CH_4 排放是畜牧业的最大排放源，其 CH_4 总量为 985.6 万 t，折合 2.07 亿 t CO_2e，占畜牧业排放量 60.0%；其次为动物粪便管理 N_2O 排放，其排放量为 23.3 万 t（不包括放牧过程中排泄到草地上的粪便 N_2O 排放 7.67 万 t），折合 7216.1 万 t CO_2e，占畜牧业排放量的 20.9%；动物粪便管理 CH_4 排放总量为 315.5 万 t CH_4，折合 6625.5 万 t CO_2e，占畜牧业排放量的 19.1 %。

5.2　不确定性分析

根据《IPCC 良好作法指南》提供的方法 1，以及动物肠道发酵 CH_4 排放、动物粪便管理 CH_4 和 N_2O 排放的不确定性数据，计算获得畜牧业温室气体排放的不确定性为±17.8%，详见表 6-33。

表 6-33　2014 年中国畜牧业温室气体排放量估算的不确定性分析

IPCC 种类源	2014 年畜牧业温室气体排放量/Gg CO_2e	排放量不确定性/%
动物肠道发酵 CH_4	206 975.5	19.8
粪便管理 CH_4	66 255.7	31.1
粪便管理 N_2O	72 161.1	45.7
合计	345 392.3	17.8

6. 中国畜牧业温室气体清单核证

按照《畜牧业温室气体排放 MRV 指南》核证的要求和清单，结合国家温室气体清单方法指南，对 2014 年中国畜牧业温室气体清单编制过程所采取的方法、活动水平数据的收集整理、生产特性参数的调查与收集整理、排放因子的计算、相关参数的计算与取值、各温室气体排放源的排放量计算、温室气体排放报告等进行了内部审核，修正了数据处理和核算过程中存在的问题。核算单位还聘请了行业主管部门和领域专家对清单结果进行了外部评审。基于核证体系，汇总了 2014 年国家温室气体清单最终版本的核证结果（表 6-34）。

核证表明，2014 年中国畜牧业温室气体清单按照《畜牧业温室气体排放 MRV 指南》要求，核算方法采用 IPCC 指南推荐的方法，对于关键排放源采用了本地化的参数进行计算，活动数据基本正确，根据全国畜禽养殖业的特点和养殖方式类型，进行了动物分类、典型养殖场和养殖户的抽样调查，排放因子与国外有关国家报告的数据具有可比性。

表 6-34　2014 年中国畜牧业温室气体排放报告的核证清单

序号	核证内容	详细核证清单	核证结论	修改意见	完善修改状态
1. 方法学选择					
1.1	方法学选择	□ 是否符合 MRV 指南的方法学要求？	是☒否□ 存在问题？	建议：	解决□ 部分□ 没有□
		□ 是否开展了排放源与关键排放源的确认？	是☒否□ 存在问题？	建议：	解决□ 部分□ 没有□
		□ 肠道发酵 CH_4 排放方法学的层级是否合理？	是☒否□ 存在问题？	建议：	解决□ 部分□ 没有□
		□ 粪便管理 CH_4 排放方法学的层级是否合理？	是☒否□ 存在问题？	建议：	解决□ 部分□ 没有□
		□ 粪便管理 N_2O 排放方法学的层级是否合理？	是☒否□ 存在问题？	建议：	解决□ 部分□ 没有□
2. 活动水平数据					
2.1	活动水平数据来源	□ 是否清晰描述了存栏量数据来源？	是☒否□ 存在问题？	建议：	解决□ 部分□ 没有□
		□ 存栏量数据是否正确？	是☒否□ 存在问题？	建议：	解决□ 部分□ 没有□
2.2	详细分类描述及存栏量数据	□ 是否清晰描述了动物详细分类及依据？	是☒否□ 存在问题？	建议：	解决□ 部分□ 没有□
		□ 详细分类中的动物饲养方式是否符合指南分类，放牧饲养、农户饲养细化分类是否有依据，是否正确？	是☒否□ 存在问题？	建议：	解决□ 部分□ 没有□
		□ 详细分类中生长阶段划分是否合理？	是☒否□ 存在问题？	建议：	解决□ 部分□ 没有□
		□ 详细分类的动物存栏量数据获取的方法是否正确？	是☒否□ 存在问题？	建议：	解决□ 部分□ 没有□
2.3	利用出栏量计算存栏量	如果依据出栏量计算存栏量， □ 存栏量的计算方法是否清楚地进行了描述？ □ 出栏量的数据是否正确？ □ 饲养天数数据是否合理？	是□否☒ 存在问题？ 本条款不适用，各种畜禽全部采用存栏量计算	建议：	解决□ 部分□ 没有□
2.4	存栏量的交叉核对	□ 详细分类的存栏量总和是否等于总的饲养量？	是☒否□ 存在问题？	建议：	解决□ 部分□ 没有□
		□ 各排放源之间取值是否一致？	是☒否□ 存在问题？	建议：	解决□ 部分□ 没有□
		□ 与往年活动水平数据是否可比？ □ 如果有较大的变化，清单报告中是否有详细的解释？	是☒否□ 存在问题？	建议：	解决□ 部分□ 没有□

续表

序号	核证内容	详细核证清单	核证结论	修改意见	完善修改状态
3. 排放因子					
3.1	综合排放因子（IEF）	☐ 推算的肠道发酵 CH_4 综合排放因子是否与IPCC缺省值、其他主要发达国家具有可比性？ ☐ 各种反刍动物IEF是否等于总的肠道发酵 CH_4 排放量除以该种动物总的存栏数量？	是☒否☐ 存在问题？	建议：	解决☐ 部分☐ 没有☐
		☐ 推算各种动物粪便管理 CH_4 综合排放因子（IEF）是否与IPCC缺省值、其他主要发达国家对应的畜禽具有可比性？	是☒否☐ 存在问题？	建议：	解决☒ 部分☐ 没有☐
		☐ 推算粪便管理 N_2O 排放的各种畜禽的氮排泄量是否与IPCC缺省值、其他主要发达国家对应的畜禽具有可比性？	是☒否☐ 存在问题？	建议：	解决☒ 部分☐ 没有☐
3.2	肠道发酵 CH_4 排放因子计算方法	☐ 维持净能、活动净能、生长净能、泌乳净能、劳动净能、妊娠需要的净能、日粮中维持净能与可消化能之比、日粮中生长净能与可消化能之比、总能、排放因子等计算公式、单位是否正确？	是☒否☐ 存在问题？	建议：	解决☐ 部分☐ 没有☐
		☐ 维持净能、活动净能、生长净能、泌乳净能、劳动净能、妊娠需要的净能、日粮中维持净能与可消化能之比、日粮中生长净能与可消化能之比、总能、排放因子等计算公式中的参数选取是否有依据？	是☒否☐ 存在问题？	建议：	解决☐ 部分☐ 没有☐
3.3	肠道发酵 CH_4 排放因子关键参数获取方法	☐ 是否清晰描述了 CH_4 排放因子计算过程中所涉及的动物特征参数、饲料特征参数，如动物体重、成年母畜体重、日增重、采食量、饲料消化率、产奶量等参数的取值？	是☒否☐ 存在问题？	建议：	解决☐ 部分☐ 没有☐
		☐ 如果是通过调研获得的动物特征参数、饲料特征参数，是否详细描述了调研方法？ ☐ 是否论证调研方法和结果的代表性？	是☒否☐ 存在问题？	建议：	解决☒ 部分☐ 没有☐
		☐ 如果是通过文献获得的动物特征参数、饲料特征参数，是否提供了参考文献？ ☐ 是否论证了文献结果的代表性和适用性？	是☒否☐ 存在问题？	建议：牦牛是中国本地化肉牛，排放因子来自文献	解决☒ 部分☐ 没有☐
3.4	肠道发酵 CH_4 排放因子关键参数的可比性	☐ 动物体重、成年母畜体重、日增重、产奶量、采食量、饲料消化率等参数与IPCC缺省值、部分发达国家的参数是否具有可比性？	是☒否☐ 存在问题？	建议：	解决☐ 部分☐ 没有☐
		☐ 维持净能、活动净能、生长净能、泌乳净能、劳动净能、妊娠需要的净能、日粮中维持净能与可消化能之比、日粮中生长净能与可消化能之比、总能的计算结果，与IPCC缺省值、部分发达国家的参数是否具有可比性？	是☒否☐ 存在问题？	建议：	解决☐ 部分☐ 没有☐
		☐ 泌乳奶牛奶单产产量与FAO、国家统计年鉴给出的均值等数据是否可比？	是☒否☐ 存在问题？	建议：	解决☐ 部分☐ 没有☐

续表

序号	核证内容	详细核证清单	核证结论	修改意见	完善修改状态
3. 排放因子					
3.5	粪便管理 CH_4 排放因子计算方法	☐ 挥发性固体排泄量、排放因子公式、单位是否正确？	是☒否☐ 存在问题？	建议：	解决☐ 部分☐ 没有☐
		☐ 挥发性固体排泄量、排放因子公式中的参数选取是否有依据？	是☒否☐ 存在问题？	建议：	解决☐ 部分☐ 没有☐
		☐ 动物摄取饲料总能、饲料消化率的取值是否与计算动物肠道发酵 CH_4 排放因子时的取值一致？	是☒否☐ 存在问题？	建议：	解决☐ 部分☐ 没有☐
3.6	粪便管理 CH_4 排放因子关键参数获取方法	☐ 粪便管理方式的分类和描述是否清晰、正确？	是☒否☐ 存在问题？	建议：	解决☐ 部分☐ 没有☐
		☐ 不同粪便管理方式利用率数据获得方法是否清晰描述？	是☒否☐ 存在问题？	建议：	解决☐ 部分☐ 没有☐
		☐ 各区域的粪便管理方式利用率数据是否与邻近区域、IPCC 指南推荐的缺省值、国家污染普查数据、直联直报系统数据有可比性？	是☒否☐ 存在问题？	建议：	解决☒ 部分☐ 没有☐
		☐ 当地温度的获取方法和取值是否描述？	是☒否☐ 存在问题？	建议：	解决☐ 部分☐ 没有☐
3.7	粪便管理 CH_4 排放因子关键参数获取方法	☐ 挥发性固体含量数据值与 IPCC 缺省值、国家清单参数、其他区域（或企业）参数是否具有可比性？	是☒否☐ 存在问题？	建议：	解决☐ 部分☐ 没有☐
		☐ CH_4 潜力参数与 IPCC 缺省值、国内其他区域参数是否具有可比性？	是☒否☐ 存在问题？	建议：	解决☐ 部分☐ 没有☐
		☐ CH_4 转化系数与 IPCC 缺省值、国内其他区域的参数是否具有可比性？	是☒否☐ 存在问题？	建议：	解决☐ 部分☐ 没有☐
3.8	动物粪便 N_2O 排放因子计算方法	☐ 粪便管理 N_2O 直接和间接排放计算公式、单位是否正确？	是☐否☒ 存在问题？ 2014 年国家清单依据《1996 IPCC 指南》，故没有考虑 N_2O 间接排放	建议：后续清单编制应将间接排放纳入	解决☐ 部分☐ 没有☐
		☐ 粪便氮排泄量、挥发性氮、径流和淋溶氮的计算公式、单位是否正确？	是☐否☒ 存在问题？ 2014 年国家清单依据《1996 IPCC 指南》，故没有考虑 N_2O 间接排放	建议：后续清单编制应将间接排放纳入	解决☒ 部分☐ 没有☐
		☐ 粪便管理 N_2O 直接和间接排放的排放因子的选取和依据是否清晰描述？	是☐否☒ 存在问题？ 未计算间接排放	建议：后续清单编制应将间接排放纳入	解决☐ 部分☐ 没有☐
		☐ 动物粪便氮排泄量、各种系数获取的方法和来源是否清晰描述？	是☒否☐ 存在问题？	建议：	解决☐ 部分☐ 没有☐

续表

序号	核证内容	详细核证清单	核证结论	修改意见	完善修改状态
3. 排放因子					
3.8	动物粪便 N_2O 排放因子计算方法	□动物粪便氮排泄量、直接排放、间接排放相关系数是否与 IPCC 缺省值、相关文献数据具有可比性？	是□否☒ 存在问题？ 未计算间接排放	建议：后续清单编制应将间接排放纳入	解决□ 部分□ 没有□
		□粪便管理 N_2O 直接排放所采用的粪便管理系统比例是否与计算粪便管理 CH_4 排放时一致？	是☒否□ 存在问题？	建议：	解决□ 部分□ 没有□
4. 排放量计算及不确定性					
4.1	排放量计算	□排放量计算是否可重复、正确？	是☒否□ 存在问题？	建议：	解决□ 部分□ 没有□
4.2	确定性确定	□是否报告了不确定性？ □不确定性计算方法是否合理？	是☒否□ 存在问题？	建议：	解决□ 部分□ 没有□
		□是否对不确定性计算参数的来源、选择的依据进行了描述？	是☒否□ 存在问题？	建议：	解决□ 部分□ 没有□
5. 温室气体排放报告					
5.1	温室气体排放报告	□是否依据 MRV 指南的报告要求？ □排放源是否报告完整？	是☒否□ 存在问题？	建议：	解决□ 部分□ 没有□
5.2	通用报告表（Excel）	□与清单报告数据是否一致？ □是否对不报告的数据进行了注明？	是☒否□ 存在问题？	建议：	解决□ 部分□ 没有□

附表 6-1　2014 年各省各种动物存栏量

（单位：万头、万匹、万只）

省份	生猪	奶牛	肉牛	水牛	牦牛	其他牛	绵羊	山羊	家禽	马	驴	骡	骆驼	兔
北京	179.60	13.77	5.90	0.00	0.00	0.02	51.16	17.19	2 544.58	0.19	0.37	0.08	0.00	4.28
天津	191.52	12.08	12.22	0.00	0.00	0.10	38.63	5.23	2 718.39	0.06	0.26	0.10	0.00	9.05
河北	2 052.00	142.64	158.83	0.00	0.30	55.07	1 028.82	474.18	39 255.44	17.06	49.92	18.79	0.04	1 370.71
山西	638.46	24.70	41.50	0.00	0.00	25.35	576.25	436.56	11 519.76	1.21	13.56	8.21	0.00	248.58
内蒙古	508.62	152.72	451.70	0.00	0.00	11.10	4 359.98	1 686.05	4 741.02	81.72	88.94	24.77	13.82	179.03
辽宁	1 336.24	24.00	178.84	0.00	0.00	6.82	287.68	335.85	32 793.45	20.49	105.49	14.47	0.00	66.20
吉林	975.98	10.90	328.81	0.00	0.00	4.45	362.98	55.37	16 881.35	30.05	21.83	7.87	0.00	277.49
黑龙江	1 466.38	152.36	354.21	0.00	0.00	14.60	631.75	229.25	15 074.41	23.56	7.71	3.13	0.00	70.87
上海	209.98	7.74	0.00	0.11	0.00	0.00	1.71	16.25	966.07	0.00	0.00	0.00	0.00	3.75
江苏	1 769.15	13.55	15.70	3.44	0.00	0.00	8.55	386.29	33 378.48	0.28	2.77	0.90	0.00	1 552.22
浙江	964.64	4.37	11.28	1.43	0.00	0.00	85.22	48.64	9 888.70	0.00	0.00	0.00	0.00	324.82
安徽	1 534.64	10.45	51.35	12.45	0.00	0.00	0.69	411.86	30 712.77	0.11	0.16	0.06	0.00	156.67
福建	1 290.51	3.62	10.98	17.38	0.00	2.04	0.00	95.94	14 844.69	0.00	0.00	0.00	0.00	981.27
江西	1 750.73	4.01	172.73	46.58	0.00	0.00	0.00	77.12	19 324.93	0.00	0.00	0.00	0.00	168.69
山东	3 179.54	99.39	275.59	0.06	0.00	35.49	474.47	1 290.55	69 710.32	2.50	11.72	1.45	0.00	3 362.46
河南	4 407.38	40.09	201.75	35.76	0.00	157.06	334.18	1 551.82	57 081.34	9.89	12.48	3.27	0.00	2 382.24
湖北	2 655.76	4.26	109.96	118.17	0.00	0.00	0.20	501.35	35 566.79	0.59	0.26	0.07	0.02	201.13
湖南	4 227.81	3.33	285.52	100.33	0.00	0.00	0.00	622.13	31 060.07	4.47	0.71	0.17	0.00	294.91
广东	2 282.52	5.85	73.96	62.06	0.00	0.00	0.00	74.21	37 361.55	0.01	0.00	0.00	0.00	152.83
广西	2 461.33	3.26	77.58	248.17	0.00	16.50	0.00	249.69	36 032.97	31.32	0.09	4.64	0.00	291.80
海南	443.78	0.09	33.61	13.58	0.00	0.00	0.10	67.61	8 355.48	0.00	0.00	0.00	0.00	11.51
重庆	1 319.05	1.85	83.04	27.58	0.00	0.00	0.17	287.46	11 292.51	1.81	0.28	0.89	0.00	1 834.54
四川	4 510.22	65.09	368.66	69.09	367.04	0.00	172.86	1 196.88	37 353.45	80.18	7.89	10.08	0.00	7 578.04
贵州	1 707.30	2.38	269.56	195.91	0.00	0.00	32.02	416.64	9 665.37	74.78	0.22	2.71	0.00	124.39
云南	3 039.93	15.87	696.54	44.58	7.76	0.00	85.42	1 058.76	13 314.33	68.87	37.51	65.11	0.00	80.83
西藏	38.00	36.02	246.09	0.00	311.89	0.00	749.00	441.00	140.99	30.56	7.44	1.42	0.00	0.00
陕西	959.93	29.89	127.40	1.21	0.00	0.00	215.12	860.48	7 546.87	0.81	12.90	3.89	0.00	310.74
甘肃	553.70	28.30	279.36	0.00	118.36	0.00	1 573.16	436.86	5 153.20	15.19	103.17	43.45	2.41	124.53
青海	102.82	24.11	83.52	0.00	420.00	0.00	1 228.44	190.38	318.68	19.04	5.51	6.21	1.05	25.48
宁夏	81.89	39.31	63.81	0.00	0.00	0.00	477.47	96.76	1 523.17	0.17	5.71	1.89	0.03	21.40
新疆	320.80	151.82	218.22	0.00	14.17	25.23	3 447.75	549.18	4 882.93	89.42	85.71	0.92	15.98	64.13
合计	47 160.21	1 127.82	5 288.20	997.90	1 239.52	353.84	16 223.77	14 167.52	601 004.06	604.33	582.61	224.56	33.35	22 274.59

附表 6-2　2014 年规模化饲养方式下各区域不同动物、不同饲养阶段动物年末存栏量　（单位：万头、万只）

地区	奶牛			肉牛			水牛			山羊		绵羊		生猪	
	繁殖母畜	当年生仔畜	其他成年畜	繁殖母畜	当年生仔畜	其他成年畜	繁殖母畜	当年生仔畜	其他成年畜	繁殖母畜	当年生仔畜	繁殖母畜	当年生仔畜	繁殖母畜	当年生仔畜
华北区	84.68	32.47	17.44	32.44	17.98	23.59	0	0	0	251.64	252.84	723.48	511.09	151.07	1276.86
东北区	20.69	7.98	5.08	85.95	52.86	49.76	0	0	0	113.39	126.86	113.67	90.02	170.93	1166.39
华东区	50.99	23.72	12.03	69.12	43.99	47.77	5.50	2.82	4.45	295.86	372.19	72.29	85.33	540.61	5206.63
中南区	24.13	9.89	3.35	72.39	45.82	38.63	47.37	26.51	37.00	376.28	495.29	45.18	58.17	874.87	7377.40
西南区	27.88	1.26	4.06	52.65	27.14	47.61	23.72	10.96	23.38	187.41	201.12	13.24	15.51	233.34	1916.56
西北区	42.59	24.07	5.53	70.89	42.09	32.95	0.00	0.00	0.00	138.26	84.92	916.88	404.79	78.31	683.94

附表 6-3　2014 年农户饲养方式下各区域不同饲养阶段动物年末存栏量　（单位：万头、万只）

地区	奶牛			肉牛			水牛			山羊		绵羊		生猪	
	繁殖母畜	当年生仔畜	其他成年畜	繁殖母畜	当年生仔畜	其他成年畜	繁殖母畜	当年生仔畜	其他成年畜	繁殖母畜	当年生仔畜	繁殖母畜	当年生仔畜	繁殖母畜	当年生仔畜
华北区	28.41	9.84	6.44	74.46	43.84	53.90	0.00	0.00	0.00	331.60	325.74	814.68	613.06	235.53	1906.74
东北区	30.09	11.95	7.51	137.03	84.14	80.18	0.00	0.00	0.00	117.72	125.35	188.23	140.05	308.99	2132.27
华东区	32.20	15.14	9.03	166.97	95.34	114.44	30.08	15.54	23.07	731.17	927.43	189.26	223.74	474.79	4477.16
中南区	12.29	5.16	2.07	278.65	173.72	173.16	197.80	110.39	158.99	963.69	1231.53	101.04	130.09	875.34	7350.97
西南区	21.62	12.73	3.17	540.49	232.52	504.93	112.38	50.92	115.80	1115.18	1202.08	97.14	120.42	883.44	7581.17
西北区	66.37	33.61	13.96	211.49	125.20	113.42	0.47	0.18	0.56	673.92	582.82	1408.34	811.21	135.31	1121.59

附表 6-4　2014 年放牧饲养方式下各区域不同动物、不同饲养阶段动物年末存栏量　（单位：万头、万只）

地区	奶牛			肉牛			山羊		绵羊	
	繁殖母畜	当年生仔畜	其他成年畜	繁殖母畜	当年生仔畜	其他成年畜	繁殖母畜	当年生仔畜	繁殖母畜	当年生仔畜
华北区	98.46	42.69	25.48	231.63	116.83	75.47	901.71	555.68	2408.85	983.69
东北区	54.42	26.83	22.71	162.69	95.68	113.58	68.51	68.63	427.72	322.72
华东区	0.00	0.00	0.00	0.00	0.00	0.00	0.00	0.00	0.00	0.00
中南区	0.00	0.00	0.00	0.00	0.00	0.00	0.00	0.00	0.00	0.00
西南区	27.51	10.07	2.91	136.15	48.23	74.16	307.74	387.21	324.45	468.71
西北区	47.06	27.00	13.23	91.80	56.47	28.00	383.78	269.95	2126.01	1274.70

附表 6-5　2014 年各区域关键源肠道发酵 CH_4 排放量估算　（单位：Gg CH_4）

地区	奶牛			肉牛			水牛		山羊			绵羊		
	放牧饲养	规模化饲养	农户饲养	放牧饲养	规模化饲养	农户饲养	规模化饲养	农户饲养	放牧饲养	规模化饲养	农户饲养	放牧饲养	规模化饲养	农户饲养
全国	308.45	327.51	246.51	991.78	550.21	2447.63	140.69	629.93	671.72	303.11	524.82	264.84	287.74	721.30
华北区	131.41	110.37	36.11	340.56	48.33	129.64	0.00	0.00	285.89	120.53	154.19	135.21	50.97	58.15
东北区	78.46	27.46	39.01	296.22	120.92	223.37	0.00	0.00	58.12	19.57	35.51	11.88	23.89	21.22
华东区	0.00	68.27	42.86	0.00	103.09	284.30	9.94	53.09	0.00	14.28	41.70	0.00	65.27	140.64
中南区	0.00	30.64	15.33	0.00	100.00	463.66	85.14	357.16	0.00	9.24	23.02	0.00	84.57	185.90
西南区	33.80	35.47	27.40	217.73	84.23	1012.18	45.62	218.72	55.20	2.61	21.81	58.17	38.88	201.89
西北区	64.78	55.31	85.78	137.27	93.65	334.48	0.00	0.96	272.51	136.88	248.59	59.58	24.16	113.49

附表 6-6　2014 年各区域其他动物（IPCC 方法 1）CH_4 排放量估算

（单位：Gg CH_4）

地区	牦牛	其他牛	生猪	马	驴	骡	骆驼
全国	371.86	155.69	707.40	108.78	58.26	22.46	15.34
华北区	0.09	40.32	53.55	18.04	15.30	5.20	6.38
东北区	0.00	11.39	56.68	13.34	13.50	2.55	0.00
华东区	0.00	16.51	160.49	0.52	1.46	0.24	0.00
中南区	0.00	76.37	247.18	8.33	1.35	0.82	0.01
西南区	206.01	0.00	159.22	46.12	5.33	8.02	0.00
西北区	165.76	11.10	30.29	22.43	21.30	5.64	8.96

附表 6-7　不同区域、不同粪便管理的 CH_4 转化因子

（%）

区域	所属气候区	年均温度	放牧放养/自然消纳	每日施撒	燃料燃烧	固体贮存	干化场	堆肥	垫料养殖	舍内粪坑贮存	液体贮存	厌氧氧化塘	沼气池	好氧处理	其他
华北区	寒冷	9.7℃	1	0.1	10	1	1	0.5	0	0	39	39	10	0.1	1
东北区	寒冷	6.5℃	1	0.1	10	1	1	0.5	0	0	39	39	10	0.1	1
西南区	寒冷	13.5℃	1	0.1	10	1	1	0.5	0	0	39	39	10	0.1	1
西北区	寒冷	9.2℃	1	0.1	10	1	1	0.5	0	0	39	39	10	0.1	1
华东区	温和	16.2℃	1.5	0.5	10	1.5	1.5	1	0	0	45	45	10	0.1	1
中南区	温和	19.0℃	1.5	0.5	10	1.5	1.5	1	0	0	45	45	10	0.1	1

附表 6-8　各区域规模化饲养奶牛、肉牛、水牛、山羊、绵羊和猪粪便 CH_4 排放因子　（单位：kg CH_4·头$^{-1}$·年$^{-1}$）

区域	奶牛			肉牛			水牛			绵羊		山羊		生猪	
	繁殖母畜	当年生仔畜	其他成年畜	繁殖母畜	当年生仔畜	其他成年畜	繁殖母畜	当年生仔畜	其他成年畜	繁殖母畜	当年生仔畜	繁殖母畜	当年生仔畜	繁殖母畜	当年生仔畜
华北区	29.65	5.91	14.69	17.88	7.70	15.32				2.59	1.51	3.04	1.78	8.86	4.22
东北区	32.04	6.39	15.87	17.49	7.54	14.99				2.57	1.50	3.03	1.78	7.61	3.63
华东区	40.45	8.07	20.04	22.91	9.88	19.64	15.88	3.73	10.38	3.09	1.81	3.73	2.19	11.44	5.45
中南区	34.06	6.79	16.87	20.30	8.75	17.39	18.36	4.31	12.00	2.71	1.58	3.22	1.88	10.56	5.03
西南区	41.03	8.18	20.32	23.23	10.01	19.91	15.58	3.66	10.18	3.10	1.81	3.66	2.15	10.62	5.06
西北区	29.88	5.96	14.80	17.28	7.45	14.80	0.00	0.00	0.00	2.60	1.51	3.09	1.81	12.77	6.08

附表 6-9　各区域农户饲养奶牛、肉牛、水牛、山羊、绵羊和猪粪便 CH_4 排放因子　（单位：kg CH_4·头$^{-1}$·年$^{-1}$）

地区	奶牛			肉牛			水牛			绵羊		山羊		生猪	
	繁殖母畜	当年生仔畜	其他成年畜	繁殖母畜	当年生仔畜	其他成年畜	繁殖母畜	当年生仔畜	其他成年畜	繁殖母畜	当年生仔畜	繁殖母畜	当年生仔畜	繁殖母畜	当年生仔畜
华北区	16.64	3.43	8.95	9.98	3.72	10.35				2.27	1.31	1.97	1.08	4.28	2.25
东北区	16.65	3.43	8.96	9.94	3.70	10.30				2.25	1.30	1.96	1.07	4.13	2.17
华东区	19.74	4.06	10.62	11.68	4.35	12.11	14.71	4.95	10.86	2.66	1.54	2.22	1.21	5.92	3.11
中南区	22.21	4.57	11.95	12.84	4.78	13.31	14.73	4.96	10.88	2.70	1.56	2.34	1.28	6.46	3.39
西南区	15.73	3.24	8.47	10.31	3.84	10.69	12.13	4.09	8.96	2.27	1.31	2.11	1.15	4.22	2.22
西北区	16.67	3.43	8.97	9.94	3.70	10.31				2.29	1.32	1.98	1.08	5.49	2.88

附表 6-10 放牧饲养奶牛、肉牛、山羊和绵羊粪便 CH_4 排放因子 （单位：kg CH_4·头$^{-1}$·年$^{-1}$）

地区	奶牛			肉牛			绵羊		山羊	
	繁殖母畜	当年生仔畜	其他成年畜	繁殖母畜	当年生仔畜	其他成年畜	繁殖母畜	当年生仔畜	繁殖母畜	当年生仔畜
华北区、东北区、西南区、西北区	1.13	0.23	0.62	0.93	0.33	0.79	0.12	0.06	0.16	0.09

附表 6-11 分区域不同动物粪便管理 CH_4 排放量（IPCC 方法 1） （单位：Gg CH_4）

区域	牦牛	其他牛	马	驴	骡	骆驼	家禽	兔
华北区	0.00	0.92	1.10	0.92	0.31	0.18	7.29	1.49
东北区	0.00	0.26	0.82	0.81	0.15	0.00	7.77	0.47
华东区	0.00	0.40	0.03	0.10	0.02	0.00	28.01	5.36
中南区	0.00	1.90	0.69	0.08	0.06	0.00	33.56	2.55
西南区	6.87	0.00	3.20	0.32	0.49	0.00	9.87	6.96
西北区	5.53	0.25	1.37	1.28	0.34	0.25	2.33	0.38
总计	12.40	3.72	7.21	3.51	1.38	0.43	88.83	17.20

附表 6-12 各区域不同动物粪便管理 CH_4 排放量（IPCC 方法 2） （单位：Gg CH_4）

区域	奶牛			肉牛			水牛			绵羊		山羊		生猪	
	繁殖母畜	当年生仔畜	其他成年畜	繁殖母畜	当年生仔畜	其他成年畜	繁殖母畜	当年生仔畜	其他成年畜	繁殖母畜	当年生仔畜	繁殖母畜	当年生仔畜	繁殖母畜	当年生仔畜
华北区	30.95	2.35	3.30	15.38	3.40	9.79	0.00	0.00	0.00	40.10	16.40	15.59	8.51	23.46	96.69
东北区	12.26	0.98	1.62	30.16	7.42	16.62	0.00	0.00	0.00	7.67	3.38	5.85	3.66	25.77	88.52
华东区	24.63	2.31	3.05	32.67	7.76	21.51	5.30	0.87	2.97	6.39	4.38	25.10	17.79	86.38	407.46
中南区	11.04	0.91	0.83	50.84	12.44	29.68	38.89	6.75	22.24	3.55	2.65	33.96	24.57	155.74	647.82
西南区	13.96	1.26	1.02	70.26	11.96	65.03	18.66	2.69	13.71	3.01	2.15	31.31	18.56	61.21	263.48
西北区	24.32	2.65	2.15	34.12	7.96	16.79	0.00	0.00	0.00	58.51	17.65	18.23	8.09	17.42	73.90
合计	117.15	10.46	11.97	233.43	50.93	159.42	62.85	10.32	38.92	119.23	46.61	130.04	81.17	369.99	1577.86

附表 6-13　各区域动物规模化饲养粪便 N_2O 排放因子　（单位：kg N_2O·头$^{-1}$·年$^{-1}$）

区域	奶牛	肉牛	水牛	绵羊	山羊	生猪	家禽
华北区	1.20	0.75	0.00	0.26	0.27	0.19	0.01
东北区	1.32	0.88	0.89	0.27	0.27	0.22	0.01
华东区	0.94	0.71	0.72	0.21	0.21	0.13	0.01
中南区	1.16	0.63	0.71	0.24	0.22	0.11	0.01
西南区	0.76	0.72	0.89	0.27	0.26	0.16	0.01
西北区	1.13	0.68	0.00	0.23	0.26	0.11	0.01

附表 6-14　各区域动物农户饲养粪便 N_2O 排放因子　（单位：kg N_2O·头$^{-1}$·年$^{-1}$）

区域	奶牛	肉牛	水牛	绵羊	山羊	生猪	家禽
华北区	1.50	0.86	0.00	0.25	0.25	0.21	0.01
东北区	1.48	0.85	0.00	0.27	0.27	0.24	0.01
华东区	1.23	0.77	0.85	0.22	0.20	0.16	0.01
中南区	1.18	0.72	0.74	0.27	0.24	0.12	0.01
西南区	0.68	0.48	0.51	0.21	0.21	0.13	0.01
西北区	1.17	0.75	0.00	0.24	0.24	0.17	0.01

附表 6-15　各区域不同动物粪便管理 N_2O 排放量（不包括放牧饲养 N_2O 排放）　（单位：Gg N_2O）

区域	奶牛	肉牛	水牛	其他牛	绵羊	山羊	生猪	家禽	马	驴	骡	骆驼	兔
华北区	2.28	2.03	0.00	0.58	6.78	3.00	7.24	5.01	1.26	1.92	0.65	0.17	1.18
东北区	1.18	4.23	0.00	0.16	1.43	1.30	8.76	4.52	0.93	1.70	0.32	0.00	0.38
华东区	1.51	4.03	0.68	0.24	1.26	4.69	15.59	11.14	0.04	0.18	0.03	0.00	4.26
中南区	0.66	5.47	4.25	1.09	0.87	7.19	19.21	14.46	0.58	0.17	0.10	0.00	2.03
西南区	0.59	7.06	1.93	0.00	0.54	5.92	14.74	5.99	3.22	0.67	1.01	0.00	5.54
西北区	2.14	4.38	0.00	0.16	8.44	3.66	3.01	1.52	1.57	2.68	0.71	0.24	0.30
合计	8.37	27.20	6.86	2.22	19.32	25.76	68.55	42.64	7.60	7.32	2.82	0.42	13.68

第七部分　河北省奶牛温室气体排放监测、报告和核证报告

1. 概述

本章以河北省奶牛为对象开展案例研究，为保证清单的透明度、一致性、可比性、完整性和准确性，在河北省 2017 年奶牛畜牧业温室气体清单编制过程中，清单编制机构采用了《畜牧业温室气体排放 MRV 指南》，并参考了《2006 IPCC 国家温室气体清单指南》（简称《2006 IPCC 指南》）和《IPCC 国家温室气体清单良好作法指南和不确定性管理》（简称《IPCC 良好作法指南》）。

河北省奶牛温室气体清单包括奶牛肠道发酵 CH_4、奶牛粪便管理 CH_4 和 N_2O 排放清单 3 个部分。河北省奶牛养殖业温室气体清单活动水平数据来自《河北省统计年鉴 2018》。排放因子参数通过在河北省抽样调查了不同规模的奶牛养殖场和奶牛养殖户现场调查获得。主要排放因子参数包括动物生产特性、群体结构、饲料种类、动物采食量、饲料质量、饲料消化率、粪便管理方式等参数；奶牛氮排泄量来源于第二次全国污染源普查。

河北省 2017 年奶牛温室气体排放量为 4085.6 kt 二氧化碳当量（CO_2e）。从排放源分析，以肠道发酵 CH_4 排放为主，排放量为 3035.1 kt CO_2e，占比为 74.3%，奶牛粪便管理 CH_4 排放为 576.6 kt CO_2e，占比为 14.1%，奶牛粪便管理 N_2O 排放为 473.8 kt CO_2e，占比为 11.6%。从养殖方式来看，以规模化养殖排放为主，排放量为 3740.3 kt CO_2e，占比为 91.5%；农户饲养排放量为 345.3 kt CO_2e，占比为 8.5%。从排放气体来看，主要排放来自 CH_4 排放，总排放量为 3611.8 kt CO_2e，占比为 88.4%，N_2O 排放量为 473.8 kt CO_2e，占比为 11.6%。

利用《IPCC 良好作法指南》中提供的误差传递法，计算得出奶牛肠道发酵 CH_4 排放量的不确定性为±20.8%，粪便管理 CH_4 排放量的不确定性为±35.0%，动物粪便管理 N_2O 直接排放量的不确定性为±61.3%，动物粪便管理 N_2O 间接排放量的不确定性为±52.1%。河北省奶牛温室气体排放总体不确定性为±23.5%。

按照《畜牧业温室气体排放 MRV 指南》核证的要求和核证清单，温室气体排放核算单位对河北省奶牛温室气体清单编制过程所采取的方法、活动水平数据、排放因子的计算、相关参数的计算与取值、各温室气体排放源的排放量计算、温室气体排放报告等进行了内部审核，修正了数据处理和核算过程中存在的问题，聘请了行业专家对相关参数的合理性进行了外部评审。

清单编制机构为中国农业科学院农业环境与可持续发展研究所和河北省畜牧总站。中国农业科学院农业环境与可持续发展研究所负责清单编制方法的选择、排放因子的计算获取、排放量计算和核查等工作；河北省畜牧总站负责活动水平数据的收集，协助开展计算排放因子所需参数的抽样调查等。中国农业科学院农业环境与可持续发展研究所还聘请国内行业专家对奶牛生产性能参数、饲料特征、群体结构、粪便管理方式等调研结果的合理性进行了评估，确保清单编制结果的准确性和科学性。

2. 奶牛肠道发酵 CH_4 排放的测定和核算

2.1 排放源与关键源的确定

根据《畜牧业温室气体排放 MRV 指南》，奶牛肠道发酵 CH_4 排放包括河北省省内所有饲喂的奶牛，在正常的代谢过程中，寄生在动物消化道内的微生物发酵消化道内饲料时产生的 CH_4 排放。根据数据可获得性，选择 2017 年作为案例年份，核算、监测和核证河北省奶牛温室气体排放。

考虑到河北省奶牛规模化水平较高和排放因子相关参数的可获得性，将所有奶牛都作为关键排放源。

2.2 清单编制方法

《畜牧业温室气体排放 MRV 指南》推荐了两种用于动物肠道发酵 CH_4 排放清单编制的方法。

方法 1 是一种利用国家温室气体清单或公开发表的研究文献给出的缺省排放因子进行估算的简化方法。即动物存栏量乘以国家清单缺省排放因子，然后相加得到总排放量。该方法简单，但不一定能完全反映河北省的奶牛生产特性。

方法 2 是一种较复杂的方法，需要根据区域特定的动物生产特性、饲料种类、动物采食量、饲料质量、消化率等数据来确定该国家或区域的动物肠道发酵 CH_4 排放因子。

为了科学测算河北省奶牛的肠道发酵 CH_4 排放量，考虑到河北省奶牛参数数据的可获得性，决定采用方法 2 核算奶牛肠道发酵温室气体排放，以充分考虑不同饲养方式（农户饲养、规模化饲养和放牧饲养）和不同年龄阶段肠道发酵 CH_4 排放。

2.3 奶牛活动水平数据及来源

根据《畜牧业温室气体排放 MRV 指南》，需要收集不同饲养方式（规模化饲养、农户饲养、放牧饲养）[①]和不同生长阶段（当年生仔畜、其他成年畜、繁殖母畜）的奶牛存栏量。奶牛活动水平数据及奶牛存栏总量来源于《河北省统计年鉴 2018》，2017

① 规模化饲养：单个养殖场（区）奶牛存栏≥100 头；放牧饲养：饲养在中国行政区划划定的 13 个省（自治区）266 个牧区、半牧区县中放牧饲养的奶牛，不包括牧区中进行舍饲规模化饲养的奶牛；农户饲养：指单个家庭养殖的畜禽，本指南中农区小于规模饲养量标准的养殖都计入农户饲养。

年河北省奶牛存栏量为 124.6 万头。根据河北省畜牧业行业统计数据，获取不同饲养方式的奶牛存栏量；不同生长阶段的奶牛存栏量根据典型调查获得规模化饲养和农户饲养方式下 3 个饲养阶段的比例关系计算获得，活动水平数据和数据来源详见表 7-1 和表 7-2。

表 7-1　奶牛活动水平数据　（单位：万头）

饲养方式	年末存栏量	不同生长阶段的存栏量		
		当年生仔畜	其他成年畜	繁殖母畜
规模化饲养	112.36	11.39	38.89	62.08
农户饲养	12.24	1.31	2.42	8.51
小计	124.60	12.70	41.31	70.59

表 7-2　奶牛活动水平数据来源

来源	提供的数据信息
《河北省统计年鉴 2018》	● 全省及各地市的奶牛年末存栏量
2017 河北省畜牧业行业统计数据	● 全省及各地市奶牛规模化饲养比例 ● 全省及各地市奶牛放牧饲养比例
典型抽样调查	● 6 家规模化奶牛场不同生产阶段奶牛年末存栏量比例 ● 102 户奶牛养殖户不同生产阶段奶牛年末存栏量比例 ● 抽样调查场户也同时调查了奶牛的体重、日增重、产奶量、乳脂率、工作时间和母畜妊娠率、母畜泌乳率等排放因子计算关键参数

2.4　奶牛排放因子、关键参数的监测和计算

奶牛肠道发酵 CH_4 排放因子的计算方法如公式（7-1）：

$$EF_{CH_4\_EN(T,P)} = \left(GE_{(T,P)} \cdot \frac{Y_{m(T,P)}}{100} \cdot 365 \right) / 55.65 \qquad (7\text{-}1)$$

式中，$EF_{CH_4\_EN(T,P)}$——奶牛在第 T 生长阶段第 P 种饲养方式下肠道发酵 CH_4 排放因子，kg CH_4·头$^{-1}$·年$^{-1}$；

$GE_{(T,P)}$——奶牛在第 T 生长阶段第 P 种饲养方式下每天摄取的饲料总能，MJ·头$^{-1}$·天$^{-1}$；

$Y_{m(T,P)}$——奶牛在第 T 生长阶段第 P 种饲养方式下 CH_4 转化因子，即采食饲料中总能转化成甲烷能的比例，%；

365——一年的总天数，天·年$^{-1}$；

55.65——CH_4 的能值，MJ·(kg CH_4)$^{-1}$。

2.4.1　奶牛摄取的饲料总能（GE）

根据《畜牧业温室气体排放 MRV 指南》，利用公式（7-2）计算奶牛摄取的饲料总能（GE）：

$$GE = \left(\frac{NE_{m} + NE_{a} + NE_{l} + NE_{work} + NE_{p}}{REM} + \frac{NE_{g}}{REG}\right) \Big/ \left(\frac{DE}{100}\right) \tag{7-2}$$

注：奶牛摄取的饲料总能计算分饲养方式和生长阶段进行计算，公式（7-2）和主要参数未标注饲养方式 P 和第 T 生长阶段，以下各净能的计算也未标注子类代码。

式中，NE_m——奶牛的维持净能，MJ·头$^{-1}$·天$^{-1}$。

计算公式：$NE_m = Cf_i \cdot (BW)^{0.75}$ （7-2-1）

参数获取方法：

BW——奶牛的平均活体重（kg），由抽样调查获得，本案例中奶牛的平均活体重结果见表 7-3。

表 7-3 不同饲养方式、不同生长阶段奶牛平均活体重 （单位：kg）

饲养方式＼生长阶段	当年生仔畜	其他成年畜	繁殖母畜
规模化饲养	160.00	475.00	687.50
农户饲养	134.62	372.07	546.38

Cf_i——与动物不同生长阶段有关，MJ·kg^{-1}·天$^{-1}$，采用 IPCC 缺省值。当年生仔畜、其他成年畜和繁殖母畜中的干奶牛 $Cf_i = 0.322$；繁殖母畜中的泌乳牛 $Cf_i = 0.386$。

为了计算繁殖母畜的维持净能，本案例调研获得了不同养殖方式的泌乳率，并据此计算了干奶牛和泌乳牛的存栏量（表 7-4）。

表 7-4 不同饲养方式繁殖母畜中干奶牛和泌乳牛存栏量及泌乳率

饲养方式＼生长阶段	泌乳率/%	干奶牛/万头	泌乳牛/万头
规模化饲养	87.7	7.65	54.43
农户饲养	81.2	1.60	6.91

NE_a——奶牛的活动净能，MJ·头$^{-1}$·天$^{-1}$。

计算公式：$NE_a = C_a \cdot NE_m$ （7-2-2）

参数获取方法：

C_a——与奶牛饲养方式有关，采用 IPCC 缺省值。规模化饲养和农户饲养：$C_a = 0$；牧场放牧饲养：$C_a = 0.17$。

NE_g——奶牛的生长净能，MJ·头$^{-1}$·天$^{-1}$。

计算公式：$NE_g = 22.02 \cdot \left(\frac{BW}{C \cdot MW}\right)^{0.75} \cdot WG^{1.097}$ （7-2-3）

参数获取方法：

BW——奶牛的平均活体重，kg，结果见表 7-3。

MW——奶牛在身体状况中等情况下成熟时的活体重，kg，由抽样调查获得，本案例中，规模化饲养奶牛成熟时的活体重为 688 kg，农户饲养奶牛成熟时的活体重为 546 kg。

WG——奶牛平均日增重，kg·头$^{-1}$·天$^{-1}$，由抽样调查获得，本案例奶牛平均日增重调查结果见表 7-5。

表 7-5　不同饲养方式、不同生长阶段奶牛平均日增重　（单位：kg·头$^{-1}$·天$^{-1}$）

饲养方式＼生长阶段	当年生仔畜	其他成年畜	繁殖母畜
规模化饲养	0.83	0.74	0
农户饲养	0.7	0.7	0

C——系数，采用 IPCC 缺省值，奶牛为 0.8。

NE_l——奶牛的泌乳净能，MJ·头$^{-1}$·天$^{-1}$。

计算公式：$NE_l = M_{milk} \cdot (1.47 + 0.40 \cdot F_{fat})$　　（7-2-4）

参数获取方法：

M_{milk}——日产奶量，kg·头$^{-1}$·天$^{-1}$，由抽样调查获得，本案例奶牛日产奶量调查结果见表 7-6。

表 7-6　奶牛日产奶量　（单位：kg·头$^{-1}$·天$^{-1}$）

饲养方式＼生长阶段	当年生仔畜	其他成年畜	繁殖母畜
规模化饲养	0	0	26.42
农户饲养	0	0	16.7

F_{fat}——乳脂率，%，即牛奶中脂肪质量的百分比，由抽样调查获得，本案例中，牛奶的乳脂率调查结果见表 7-7。

表 7-7　牛奶的乳脂率　（%）

饲养方式＼生长阶段	当年生仔畜	其他成年畜	繁殖母畜
规模化饲养	0	0	3.84
农户饲养	0	0	3.40

NE_{work}——奶牛的劳动净能，MJ·头$^{-1}$·天$^{-1}$。

计算公式：$NE_{work} = 0.10 \cdot NE_m \cdot H$ （7-2-5）

参数获取方法：

H——每日劳动时数，小时，由抽样调查获得。本案例中，不同饲养方式、不同生长阶段的奶牛每日劳动时数均为0小时。

NE_p——奶牛妊娠需要的净能，MJ·头$^{-1}$·天$^{-1}$。

计算公式：$NE_p = C_{pregnancy} \cdot NE_m \cdot R_{pregnancy}/100$ （7-2-6）

参数获取方法：

$C_{pregnancy}$——妊娠能量需求系数。采用IPCC缺省值，$C_{pregnancy} = 0.1$。

$R_{pregnancy}$——奶牛妊娠百分率，%，由抽样调查获得。本案例中，奶牛妊娠比例调研结果见表7-8。

表7-8 奶牛妊娠比例 （%）

饲养方式 \ 生长阶段	当年生仔畜	其他成年畜	繁殖母畜
规模化饲养	0	0	82
农户饲养	0	0	84

REM——日粮中维持净能与可消化能之比。

计算公式：

$$REM = \left[1.123 - \left(4.092 \times 10^{-3} \cdot \frac{DE}{100}\right) + 1.126 \times 10^{-5} \cdot \left(\frac{DE}{100}\right)^2\right] - \frac{25.4}{DE/100} \quad (7\text{-}2\text{-}7)$$

参数获取方法：

DE——饲料消化率，%，由抽样调查获得，调研结果见表7-9。

表7-9 奶牛饲料消化率 （%）

饲养方式 \ 生长阶段	当年生仔畜	其他成年畜	繁殖母畜
规模化饲养	70	70	70
农户饲养	65	65	65

REG——日粮中生长净能与可消化能之比。

计算公式：

$$REG = \left[1.164 - \left(5.160 \times 10^{-3} \cdot \frac{DE}{100}\right) + 1.308 \times 10^{-5} \cdot \left(\frac{DE}{100}\right)^2\right] - \frac{37.4}{DE/100} \quad (7\text{-}2\text{-}8)$$

参数获取方法：

DE——饲料消化率，%。参数取值见表 7-9。

GE——奶牛摄取的饲料总能，MJ·头$^{-1}$·天$^{-1}$。

根据公式（7-2-1～7-2-8）计算的维持净能、活动净能、生长净能、泌乳净能、劳动净能、奶牛妊娠需要的净能，以及日粮中维持净能与可消化能之比（*REM*）和日粮中生长净能与可消化能之比（*REG*）的计算结果，计算奶牛摄取饲料的总能。结果见表 7-10。

表 7-10 奶牛摄取饲料的总能 （单位：MJ·头$^{-1}$·天$^{-1}$）

生长阶段 / 饲养方式	当年生仔畜	其他成年畜	繁殖母畜
规模化饲养	69.8	149.8	336.4
农户饲养	68.8	147.5	252.1

2.4.2 CH_4转化率（Y_m）的确定

CH_4 转化率的大小和饲料质量及采食水平直接相关，目前中国各省区尚无奶牛肠道发酵 CH_4 转化率的系统实验数据。《畜牧业温室气体排放 MRV 指南》中推荐的 Y_m 取值范围为 6.5±1.0。在本案例中，不同饲养方式和不同生长阶段的 Y_m 取值见表 7-11。

表 7-11 奶牛肠道发酵 CH_4 转化率 （%）

生长阶段 / 饲养方式	当年生仔畜	其他成年畜	繁殖母畜
规模化饲养	6.0	6.5	6.0
农户饲养	6.0	7.5	6.5

2.4.3 奶牛肠道发酵 CH_4 排放因子

根据公式（7-1），计算的摄取饲料的总能、奶牛肠道发酵 CH_4 转化率（Y_m），计算 CH_4 排放因子（表 7-12）。

表 7-12 奶牛肠道发酵 CH_4 排放因子（单位：kg CH_4·头$^{-1}$·年$^{-1}$）

生长阶段 / 饲养方式	当年生仔畜	其他成年畜	繁殖母畜
规模化饲养	27.5	63.9	132.4
农户饲养	27.1	72.5	107.5

2.5 奶牛肠道发酵 CH_4 排放量估算

根据不同饲养方式、不同生长阶段的奶牛活动水平数据及计算的奶牛肠道发酵 CH_4 排放因子，利用公式（7-3）计算了奶牛肠道发酵 CH_4 排放量，计算结果见表 7-13。

$$E_{CH_4\_EN} = \sum_{(T,P)} EF_{CH_4\_EN(T,P)} \cdot \left(\frac{N_{(T,P)}}{10^3}\right) \tag{7-3}$$

式中，$E_{CH_4\_EN}$——清单编制省份奶牛肠道发酵产生的 CH_4 排放量，t CH_4·年$^{-1}$；

$EF_{CH_4\_EN(T,P)}$——奶牛在第 T 生长阶段第 P 种饲养方式下肠道发酵 CH_4 排放因子，kg CH_4·头$^{-1}$·年$^{-1}$；

$N_{(T,P)}$——奶牛在第 T 生长阶段第 P 种饲养方式下的活动水平数据，即年均存栏量，头；

T——动物生长阶段代号（繁殖母畜，当年生仔畜，其他成年畜）；

P——饲养方式代号（规模化饲养，农户饲养，放牧饲养）。

表 7-13 2017 年奶牛肠道发酵 CH_4 排放量 （单位：kt CH_4·年$^{-1}$）

饲养方式＼生长阶段	当年生仔畜	其他成年畜	繁殖母畜	总计
规模化饲养	3.1	24.8	82.2	110.1
农户饲养	0.4	1.8	9.1	11.3
总计	3.5	26.6	91.3	121.4

3. 奶牛粪便管理 CH_4 排放测定和核算

3.1 排放源与关键源的确定

根据《畜牧业温室气体排放 MRV 指南》，奶牛粪便管理过程 CH_4 排放包括河北省境内所有奶牛产生的粪便，在施入土壤之前贮存、处理和利用过程所产生的 CH_4。

考虑到河北省奶牛规模化水平较高和排放因子相关参数的可获得性，将所有奶牛都作为关键排放源。

3.2 清单编制方法

《畜牧业温室气体排放 MRV 指南》推荐了两种用于动物肠道发酵 CH_4 排放清单编制的方法。

方法 1 是一种利用国家温室气体清单或公开发表的研究文献给出的缺省排放因子进行估算的简化方法，即动物存栏量乘以国家清单缺省排放因子，然后相加得到总排放量。该方法简单，但不一定能完全反映河北省的奶牛生产特性。

方法 2 是一种较复杂的方法，需要根据区域特定的粪便特性、粪便管理方式、不同粪便管理方式使用比例，以及当地气候条件等确定该区域粪便管理过程 CH_4 排放因子。

为了科学测算河北省奶牛的粪便 CH_4 排放量，考虑到河北省奶牛粪便管理数据的可获得性，决定采用方法 2 核算奶牛粪便管理 CH_4 温室气体排放，以充分考虑不同饲养方式（农户饲养、规模化饲养和放牧饲养）和不同粪便管理方式［放牧放养/自然消纳、燃料燃烧、固体贮存、运动场风干、槽式堆肥、容器式堆肥、条垛式堆肥、覆膜堆肥、垫草垫料、舍内粪坑贮存（>1 个月）、舍内粪坑贮存（≤1 个月）加舍外露天液体贮存、舍内粪坑贮存（≤1 个月）加有覆盖液体贮存、沼气池沼液露天贮存、沼液密闭贮存、好氧处理等 15 种方式］的影响。

3.3 奶牛活动水平数据

本节奶牛活动水平数据见 2.3 中的表 7-1 中所列的奶牛不同饲养方式和不同生长阶段的活动数据。

3.4 奶牛排放因子、关键参数的监测和计算

根据《畜牧业温室气体排放 MRV 指南》，奶牛粪便管理温室气体排放因子计算如公式（7-4）

$$EF_{\mathrm{CH_4\_MM}(T,P)} = \left(VS_{(T,P)} \cdot 365\right) \cdot \left(B_{0(T,P)} \cdot 0.67 \cdot \sum_{(S,K)} \cdot \frac{MCF_{(S,K)}}{100} \cdot \frac{MS_{(T,P,S)}}{100}\right) \quad (7\text{-}4)$$

式中，$EF_{\mathrm{CH_4\_MM}(T,P)}$——奶牛在第 T 生长阶段第 P 种饲养方式下的粪便管理 CH_4 排放因子，kg CH_4·头$^{-1}$·年$^{-1}$；

$VS_{(T,P)}$——奶牛在第 T 生长阶段第 P 种饲养方式下每日挥发性固体排泄量，kg VS·头$^{-1}$·天$^{-1}$；

$B_{0(T,P)}$——奶牛在第 T 生长阶段第 P 种饲养方式下粪便 CH_4 产生潜力，m^3 CH_4·(kg VS)$^{-1}$；

$MCF_{(S,K)}$——粪便管理方式 S、气候区 K 的 CH_4 转化系数，%；

$MS_{(T,P,S)}$——奶牛在第 T 生长阶段第 P 种饲养方式下粪便管理方式 S 的使用比例，%；

0.67——CH_4 的密度，kg·m^{-3}；

S——粪便管理方式代号；

K——气候区代号。

3.4.1 奶牛粪便挥发性固体排泄量计算

根据《畜牧业温室气体排放 MRV 指南》，利用公式（7-5）计算奶牛挥发性固体排泄量（VS）：

$$VS = \left[GE \cdot \left(1 - \frac{DE}{100}\right) + \left(UE \cdot GE\right)\right] \cdot \left(\frac{1 - ASH}{18.45}\right) \quad (7\text{-}5)$$

式中，*VS*——挥发性固体排泄量（干物质），kg VS·头$^{-1}$·天$^{-1}$；

GE——奶牛摄取的饲料总能，MJ·头$^{-1}$·天$^{-1}$，计算结果见表 7-10；

DE——奶牛饲料消化率，测定结果见表 7-9；

UE·GE——*GE* 的尿的能量，采用 IPCC 缺省值，取值为 0.04*GE*；

ASH——粪便灰分含量，%，采用 IPCC 缺省值，为 8%；

18.45——每千克干物质日粮总能的转化因子，MJ·kg^{-1}。

注：奶牛每日排泄的挥发性固体需分饲养方式和生长阶段进行计算，上述公式和主要参数未标注饲养方式（*P*）和生长阶段（*T*）角标。

基于上述的相关参数计算获得本案例中不同饲养阶段的奶牛粪便挥发性固体排泄量，具体结果见表 7-14。

表 7-14　奶牛粪便挥发性固体排泄量　（单位：kg VS·头$^{-1}$·天$^{-1}$）

饲养方式＼生长阶段	当年生仔畜	其他成年畜	繁殖母畜
规模化饲养	1.18	2.54	5.70
农户饲养	1.34	2.87	4.90

3.4.2　奶牛粪便 CH_4 产生潜力（B_0）

粪便 CH_4 产生潜力（B_0）随动物种类和日粮变化有所不同，但中国目前还没有这方面的研究结果。根据《畜牧业温室气体排放 MRV 指南》中给出的推荐值，在本案例中规模化饲养和农户饲养的 CH_4 产生潜力（B_0）取值分别为 0.24 m^3 CH_4·(kg VS)$^{-1}$ 和 0.13 m^3 CH_4·(kg VS)$^{-1}$。

3.4.3　粪便管理方式比例的确定

按照《畜牧业温室气体排放 MRV 指南》典型调查的要求，本次案例抽样调查了河北省 6 家不同规模的奶牛场和 102 户奶牛养殖户的粪便管理方式和使用比例。清单编制机构对不同粪便管理方式处理的粪便量进行了加权平均计算，获得了河北省奶牛规模化饲养和农户饲养的不同粪便管理方式处理的粪便比例（表 7-15）。

表 7-15　河北省奶牛不同粪便管理方式处理的粪便比例　（%）

饲养方式	放牧放养/自然消纳	固体贮存	液体贮存	厌氧沼气处理	燃料燃烧	垫草垫料	堆肥和沤肥	好氧处理	其他
规模化饲养	0.0	26.2	25.1	12.6	0.3	9.0	5.7	0.5	20.7
农户饲养	12.6	33.0	40.4	2.6	0.0	3.3	0.0	0.0	8.1

3.4.4　粪便 CH_4 转化因子的确定

粪便 CH_4 转化因子与粪便管理方式和当地气候条件有关。河北省 2017 年年平均气温为 13.0℃。依据《畜牧业温室气体排放 MRV 指南》中表 2-10，温度为 13℃时不同粪

便管理方式的 CH_4 转化因子见表 7-16。

表 7-16　奶牛不同粪便管理方式的 CH_4 转化因子　（%）

饲养方式	放牧放养/自然消纳	固体贮存	液体贮存	厌氧沼气处理	燃料燃烧	垫草垫料	堆肥和沤肥	好氧处理	其他
MCF	0.1	2.0	22	10.0	10.0	3.0	0.5	0.1	1.0

3.4.5　奶牛粪便管理 CH_4 排放因子

根据计算的 VS、不同粪便管理方式处理的粪便量及 CH_4 转化因子，奶牛粪便 CH_4 最大产生潜力，利用公式（7-4）计算粪便管理 CH_4 排放因子见表 7-17。

表 7-17　奶牛粪便管理 CH_4 排放因子　（单位：kg CH_4·头$^{-1}$·年$^{-1}$）

饲养方式＼生长阶段	当年生仔畜	其他成年畜	繁殖母畜
规模化饲养	5.45	11.69	26.25
农户饲养	4.25	9.12	15.59

3.5　奶牛粪便管理 CH_4 排放

根据不同饲养方式、不同生长阶段的奶牛活动水平数据及相应的粪便管理 CH_4 排放因子，利用公式（7-6）计算奶牛粪便管理 CH_4 排放量见表 7-18。

$$E_{CH_4\_MM}=\sum_{(T,P)}\frac{EF_{CH_4\_MM(T,P)}\cdot N_{(T,P)}}{10^3} \tag{7-6}$$

式中，$E_{CH_4\_MM}$——清单省份奶牛粪便管理过程产生的 CH_4 排放量，t CH_4·年$^{-1}$；

$N_{(T,P)}$——奶牛在第 T 生长阶段第 P 种饲养方式下的活动水平数据，即年均存栏量，头；

$EF_{CH_4\_MM(T,P)}$——奶牛在第 T 生长阶段第 P 种饲养方式下的粪便管理 CH_4 排放因子，kg CH_4·头$^{-1}$·年$^{-1}$。

表 7-18　奶牛粪便管理 CH_4 排放量　（单位：kt CH_4·年$^{-1}$）

饲养方式＼生长阶段	当年生仔畜	其他成年畜	繁殖母畜	合计
规模化饲养	0.62	4.55	16.30	21.46
农户饲养	0.06	0.22	1.33	1.60
合计	0.68	4.77	17.62	23.07

4. 奶牛粪便管理 N_2O 排放测定和核算

4.1 排放源与关键源的确定

根据《畜牧业温室气体排放 MRV 指南》，奶牛粪便管理过程 N_2O 排放包括河北省境内所有奶牛产生粪便所产生的 N_2O 直接排放和间接排放。粪便在贮存、处理和利用过程中 N_2O 排放主要取决于排泄粪便中氮的含量和不同粪便管理方式所占比例。

为了保持与粪便管理 CH_4 排放的一致性，本清单考虑了放牧放养/自然消纳、燃料燃烧、固体贮存、运动场风干、槽式堆肥、容器式堆肥、条垛式堆肥、覆膜堆肥、垫草垫料、舍内粪坑贮存（>1 个月）、舍内粪坑贮存（≤1 个月）加舍外露天液体贮存、舍内粪坑贮存（≤1 个月）加有覆盖液体贮存、沼气池沼液露天贮存、沼液密闭贮存、好氧处理等 15 种方式。考虑到河北省奶牛规模化水平较高和排放因子相关参数的可获得性，将所有奶牛都作为关键排放源。

4.2 清单编制方法

《畜牧业温室气体排放 MRV 指南》推荐了 2 种用于动物粪便管理 N_2O 排放清单的方法。

方法 1 是将动物存栏量乘以国家清单缺省排放因子，然后相加得到总排放量。该方法简单，但不一定能完全反映河北省的奶牛生产特性。

方法 2 是需要根据区域特定的粪便氮排泄量、不同粪便管理方式使用比例确定该区域粪便管理过程直接和间接 N_2O 排放因子，然后乘以奶牛数据确定全省 N_2O 排放量。

奶牛粪便管理 N_2O 排放包括直接排放和间接排放，为了科学测算河北省奶牛的粪便 N_2O 排放量，考虑到河北省奶牛粪便管理数据的可获得性，决定采用方法 2 核算奶牛粪便管理 N_2O 排放。计算排放因子所需的参数包括奶牛氮排泄量、不同粪便管理方式和处理的粪便量及不同粪便管理方式的 N_2O 排放因子等。

4.3 奶牛粪便管理 N_2O 直接排放

4.3.1 活动水平数据及来源

不同饲养方式和不同生长阶段的奶牛活动水平与 2.3 节相同，见表 7-1。

粪便管理 N_2O 排放的另外一个活动水平数据是氮的排泄量。根据第二次全国污染源普查数据，得出河北省不同饲养方式、不同生长阶段奶牛每年氮排泄量（表 7-19）。根据 3.4.3 节中不同粪便管理方式处理的粪便比例（表 7-15）和奶牛年氮排泄量，计算了不同饲养方式、不同生长阶段、不同粪便管理方式的奶牛氮排泄量，结果如表 7-20。

表 7-19 不同饲养方式、不同生长阶段奶牛年氮排泄量（单位：kg·头[-1]·年[-1]）

饲养方式	当年生仔畜	其他成年畜	繁殖母畜
规模化饲养	14.42	58.77	96.91
农户饲养	14.42	58.77	96.91

表 7-20 不同饲养方式、不同生长阶段、不同粪便管理方式的氮排泄量（单位：kg N·年[-1]）

饲养方式		粪便管理方式								
		放牧放养/自然消纳	固体贮存	液体贮存	厌氧沼气处理	燃料燃烧	垫草垫料	堆肥和沤肥	好氧处理	其他
规模化饲养	当年生仔畜	0	430 244	412 180	206 911	4 926	147 794	93 603	8 211	338 284
	其他成年畜	0	5 987 672	5 736 281	2 879 567	68 561	2 056 834	1 302 661	114 269	4 707 864
	繁殖母畜	0	15 761 966	15 100 204	7 580 182	180 481	5 414 416	3 429 130	300 801	12 392 996
农户饲养	当年生仔畜	23 798	62 327	76 303	4 911	0	6 233	0	0	15 298
	其他成年畜	179 186	469 297	574 534	36 975	0	46 930	0	0	115 191
	繁殖母畜	1 039 100	2 721 453	3 331 719	214 418	0	272 145	0	0	667 993

4.3.2 奶牛粪便管理 N_2O 直接排放因子的选择

用于计算粪便管理 N_2O 排放的粪便管理方式及处理的粪便比例与 3.4.3 节中粪便管理方式和处理的粪便比例相同（表 7-15）。

根据《畜牧业温室气体排放 MRV 指南》中的表 2-11 和调研粪便管理方式（表 7-15），选择了不同粪便管理方式的 N_2O 直接排放因子（表 7-21）。

表 7-21 奶牛粪便管理方式的 N_2O 直接排放因子 [单位：kg N_2O-N·(kg N)[-1]]

粪便管理方式	放牧放养/自然消纳	固体贮存	液体贮存	厌氧沼气处理	燃料燃烧	垫草垫料	堆肥和沤肥	好氧处理	其他
EF_3	0	0.005	0	0	0.07	0.01	0.1	0.005	0.001

4.3.3 奶牛粪便管理 N_2O 直接排放量

依据《畜牧业温室气体排放 MRV 指南》，利用公式（7-7）计算奶牛粪便管理 N_2O

直接排放，奶牛粪便管理 N_2O 直接排放量计算结果见表 7-22。

$$E_{N_2O\_D,MM}=\left\{\sum_S\left[\sum_{(T,P)}\left(N_{(T,P)}\cdot Nex_{(T,P)}\right)\cdot\frac{MS_{(T,P,S)}}{100}\right]\cdot EF_{3(S)}\right\}/1000\cdot\frac{44}{28}\quad(7\text{-}7)$$

式中，$E_{N_2O\_D,MM}$——粪便管理的 N_2O 直接排放量，t $N_2O\cdot$年$^{-1}$；

$N_{(T,P)}$——奶牛在第 T 生长阶段第 P 种饲养方式下的活动水平数据，头；

$Nex_{(T,P)}$——奶牛在第 T 生长阶段第 P 种饲养方式下每年氮的排泄量，kg N·头$^{-1}$·年$^{-1}$；

$MS_{(T,P,S)}$——奶牛在第 T 生长阶段第 P 种饲养方式下粪便管理方式 S 的使用比例，%；

$EF_{3(S)}$——粪便管理方式 S 的 N_2O 直接排放因子，kg N_2O-N·(kg N)$^{-1}$；

S——粪便管理方式代号；

T——动物生长阶段代号；

P——饲养方式代号；

44/28——N_2O 与氮的转换系数，kg N_2O·(kg N_2O-N)$^{-1}$。

表 7-22 奶牛不同饲养方式、不同生长阶段、不同粪便管理方式的 N_2O 直接排放量

（单位：t N_2O·年$^{-1}$）

饲养方式		粪便管理方式									合计
		放牧放养/自然消纳	固体贮存	液体贮存	厌氧沼气处理	燃料燃烧	垫草垫料	堆肥和沤肥	好氧处理	其他	
规模化饲养	当年生仔畜	0.0	3.4	0.0	0.0	0.1	2.3	14.7	0.1	0.5	21.1
	其他成年畜	0.0	47.0	0.0	0.0	0.8	32.3	204.7	0.9	7.4	293.1
	繁殖母畜	0.0	123.8	0.0	0.0	2.0	85.1	538.9	2.4	19.5	771.6
	合计	0.0	174.3	0.0	0.0	2.8	119.7	758.3	3.3	27.4	1085.8
农户饲养	当年生仔畜	0.0	0.5	0.0	0.0	0.0	0.1	0.0	0.0	0.0	0.6
	其他成年畜	0.0	3.7	0.0	0.0	0.0	0.7	0.0	0.0	0.2	4.6
	繁殖母畜	0.0	21.4	0.0	0.0	0.0	4.3	0.0	0.0	1.0	26.7
	合计	0.0	25.6	0.0	0.0	0.0	5.1	0.0	0.0	1.3	31.9
奶牛 N_2O 排放总量		0.0	199.8	0.0	0.0	2.8	124.8	758.3	3.3	28.7	1117.7

4.4 奶牛粪便管理 N_2O 间接排放

动物粪便管理 N_2O 间接排放包括奶牛粪便施入土壤之前，动物粪便贮存和处理过程中会产生氨气和氮氧化物气体排放，氨气和氮氧化物又以干湿沉降的方式降落到地面或者水体造成 N_2O 间接排放，以及奶牛粪便在贮存和处理过程中通过淋溶和径流过程的氮流失造成的 N_2O 间接排放。动物粪便管理 N_2O 间接排放的计算方法如公式（7-8）。

$$E_{N_2O\_ID,MM} = N_2O_{volatilization,MM} + N_2O_{leach,MM} \quad (7\text{-}8)$$

式中，$E_{N_2O\_ID,MM}$——粪便管理的 N_2O 间接排放量，t N_2O·年$^{-1}$；

$N_2O_{volatilization,MM}$——粪便管理中由于氮挥发导致的 N_2O 间接排放，t N_2O·年$^{-1}$；

$N_2O_{leach,MM}$——粪便管理中由于淋溶和径流导致的 N_2O 间接排放，t N_2O·年$^{-1}$。

4.4.1　活动水平数据

- 奶牛活动水平：

不同饲养方式、不同生长阶段的奶牛活动水平与 2.3 节相同，见表 7-1。

- 氮排泄量：

不同饲养方式、不同生长阶段下的奶牛氮排泄量与 4.3.1 节相同（表 7-19）。

- 以氨和 NO_x 形式损失的氮量（即氮沉降量）：

不同饲养方式、不同生长阶段、不同粪便管理方式的氨挥发和 NO_x 排放损失的氮量计算方法如公式（7-9）。

$$N_{volatilization,MM} = \sum_S \left\{ \sum_{(T,P)} \left[\left(N_{(T,P)} \cdot Nex_{(T,P)} \cdot \frac{MS_{(T,P,S)}}{100} \right) \cdot \left(\frac{Frac_{GasMS(T,P,S)}}{100} \right) \right] \right\} \quad (7\text{-}9)$$

式中，$N_{volatilization,MM}$——动物粪便中通过 NH_3 和 NO_x 挥发导致氮损失量，kg N·年$^{-1}$；

$N_{(T,P)}$——奶牛在第 T 生长阶段第 P 种饲养方式下活动水平数据，头；

$Nex_{(T,P)}$——奶牛在第 T 生长阶段第 P 种饲养方式下每年氮的排泄量，kg N·头$^{-1}$·年$^{-1}$；

$MS_{(T,P,S)}$——奶牛在第 T 生长阶段第 P 种饲养方式下粪便管理方式 S 的处理粪便的比例，%；

P——饲养方式的符号；

$Frac_{GasMS(T,P,S)}$——奶牛在第 T 生长阶段第 P 种饲养方式粪便管理方式 S 下由于氨挥发和 NO_x 排放造成氮损失的比例，%。

不同粪便管理方式的奶牛粪便中的氮以氨和 NO_x 形式的损失比例参数值来源于《2006 IPCC 指南》的表 10.22，结果如表 7-23。

表 7-23　奶牛不同粪便管理方式的以 NH_3 和 NO_x 形式的损失比例　（%）

动物类型	放牧放养/自然消纳	固体贮存	液体贮存	厌氧沼气处理	燃料燃烧	垫草垫料	堆肥和沤肥	好氧处理	其他
奶牛	7	30	40	40[a]	0	40[b]	20[c]	20[c]	20[c]

注：a. 沼渣沼液的氨挥发和 NO_x 排放的比例参照液体贮存处理方式；

b. 奶牛垫草垫料粪便管理方式的氨挥发和 NO_x 排放的比例参照生猪粪便垫草垫料处理方式；

c. 取缺省值 20。

依据《畜牧业温室气体排放 MRV 指南》，根据公式（7-9）计算不同饲养方式、不同生长阶段、不同粪便管理方式下的奶牛粪便中以氨和 NO_x 形式的损失量，计算结果见表 7-24。

表 7-24 奶牛不同饲养方式、不同生长阶段、不同粪便管理方式的以 NH_3 和 NO_x 形式的损失量

（单位：kg N·年$^{-1}$）

饲养方式		粪便管理方式								
		放牧放养/自然消纳	固体贮存	液体贮存	厌氧沼气处理	燃料燃烧	垫草垫料	堆肥和沤肥	好氧处理	其他
规模化饲养	当年生仔畜	0	129 073	164 872	82 765	0	59 118	18 721	1 642	67 657
	其他成年畜	0	1 796 301	2 294 512	1 151 827	0	822 734	260 532	22 854	941 573
	繁殖母畜	0	4 728 590	6 040 082	3 032 073	0	2 165 766	685 826	60 160	2 478 599
农户饲养	当年生仔畜	1 666	18 698	30 521	1 964	0	2 493	0	0	3 060
	其他成年畜	12 543	140 789	229 813	14 790	0	18 772	0	0	23 038
	繁殖母畜	72 737	816 436	1 332 687	85 767	0	108 858	0	0	133 599

- 氮的淋溶和径流损失量

由于河北省降水量小于蒸发量，本案例中，各种粪便管理方式的氮淋溶和径流损失比例假设为零。根据《畜牧业温室气体排放 MRV 指南》，不同饲养方式、不同生长阶段、不同粪便管理方式的奶牛粪便中的氮淋溶和径流损失量计算方法如公式（7-10）。因 $Frac_{\text{leach,MS}(T,P,S)}$=0，所以不同饲养方式、不同生长阶段、不同粪便管理方式的奶牛粪便中的氮淋溶和径流损失量为 0。

$$N_{\text{leach,MM}}=\sum_{S}\left\{\sum_{(T,P)}\left[\left(N_{(T,P)}\cdot Nex_{(T,P)}\cdot\frac{MS_{(T,P,S)}}{100}\right)\cdot\left(\frac{Frac_{\text{leach,MS}(T,P,S)}}{100}\right)\right]\right\} \quad (7\text{-}10)$$

式中，$N_{\text{leach,MM}}$——动物粪便中通过淋溶和径流导致的氮损失量，kg N·年$^{-1}$；

$N_{(T,P)}$——奶牛在第 T 生长阶段第 P 种饲养方式下活动水平数据，头；

$Nex_{(T,P)}$——奶牛在第 T 生长阶段第 P 种饲养方式下每年氮的排泄量，kg N·头$^{-1}$·年$^{-1}$；

$MS_{(T,P,S)}$——奶牛在第 T 生长阶段第 P 种饲养方式下粪便管理方式 S 的使用比例，%；

$Frac_{\text{leach,MS}(T,P,S)}$——奶牛在第 T 生长阶段第 P 种饲养方式粪便管理方式 S 下，蒸发大于降水的省份此值为 0。

4.4.2 奶牛粪便管理氮沉降 N_2O 间接排放因子

根据《畜牧业温室气体排放 MRV 指南》，奶牛粪便管理氮沉降 N_2O 间接排放因子为 0.01 kg N_2O-N·(kg N)$^{-1}$，粪便管理淋溶和径流的 N_2O 间接排放因子为 0.0075 kg N_2O-N·(kg N)$^{-1}$。

4.4.3 奶牛粪便管理 N_2O 间接排放量

依据《畜牧业温室气体排放 MRV 指南》，利用公式（7-11）和公式（7-12）分别计

算粪便管理氮沉降 N_2O 间接排放、淋溶和径流的 N_2O 间接排放。

$$N_2O_{volatilization,MM} = N_{volatilization,MM} \cdot EF_4 \cdot \frac{44}{28} / 1000 \qquad (7\text{-}11)$$

式中，$N_2O_{volatilization,MM}$——粪便管理中由于氮挥发导致的 N_2O 间接排放，t N_2O·年$^{-1}$；

$N_{volatilization,MM}$——奶牛粪便中以 NH_3 和 NO_x 挥发导致的氮损失量，kg N·年$^{-1}$，计算结果见表 7-24；

EF_4——在土壤和水体表面的大气沉降氮的 N_2O 排放因子，kg N_2O-N·(kg 挥发的 NH_3-N + NO_x-N)$^{-1}$，本指南采用 IPCC 指南推荐的缺省值为 0.01。

$$N_2O_{leach,MM} = \left(N_{leach,MM} \cdot EF_5\right) \cdot \frac{44}{28} / 1000 \qquad (7\text{-}12)$$

式中，$N_2O_{leach,MM}$——粪便管理中由于氮淋溶和径流导致的 N_2O 的间接排放，t N_2O·年$^{-1}$；

$N_{leach,MM}$——粪便中由于淋溶和径流导致的氮损失量，kg N·年$^{-1}$，计算结果为 0；

EF_5——在土壤和水体表面淋溶和径流的 N_2O 排放因子，kg N_2O-N·(kg 淋溶和径流 N)$^{-1}$。本指南采用 IPCC 指南推荐的缺省值为 0.0075。

根据公式（7-8）和确定的相关参数，河北省规模化饲养和农户饲养的粪便管理 N_2O 间接排放量见表 7-25。

表 7-25　奶牛粪便管理 N_2O 间接排放量　（单位：t N_2O·年$^{-1}$）

饲养方式	氮沉降	淋溶和径流	合计
规模化饲养	424.4	0	424.4
农户饲养	47.9	0	47.9
合计	472.3	0	472.3

4.5　奶牛粪便管理 N_2O 排放总量

奶牛粪便管理 N_2O 排放总量等于规模化饲养 N_2O 直接排放量、农户饲养 N_2O 直接排放量、规模化饲养 N_2O 间接排放量和农户饲养 N_2O 间接排放量之和。2017 年河北省奶牛粪便管理 N_2O 排放总量为 1590.0 t N_2O（表 7-26）。

表 7-26　奶牛粪便管理 N_2O 排放总量　（单位：t N_2O·年$^{-1}$）

饲养方式	直接排放	间接排放	合计
规模化饲养	1085.8	424.4	1510.2
农户饲养	31.9	47.9	79.8
合计	1117.7	472.3	1590.0

5. 河北省奶牛温室气体排放总量

河北省奶牛温室气体排放总量等于奶牛肠道发酵 CH_4 排放量、奶牛粪便管理 CH_4 排放量、奶牛粪便管理 N_2O 排放量之和（表 7-27）。

表 7-27 奶牛温室气体排放总量 （单位：kt CO_2e）

饲养方式	奶牛肠道发酵 CH_4 排放量	奶牛粪便管理 CH_4 排放量	奶牛粪便管理 N_2O 排放量	合计
规模化饲养	2753.7	536.6	450.0	3740.3
农户饲养	281.4	40.1	23.8	345.3
合计	3035.1	576.6	473.8	4085.6

河北省 2017 年奶牛温室气体排放量为 4085.6 kt CO_2e。从排放源分析，以肠道发酵 CH_4 排放为主，排放量为 3035.1 kt CO_2e，占比为 74.3%；奶牛粪便管理 CH_4 排放量为 576.6 kt CO_2e，占比为 14.1%；奶牛粪便管理 N_2O 排放量为 473.8 kt CO_2e，占比为 11.6%。从养殖方式来看，以规模化养殖排放为主，排放量为 3740.3 kt CO_2e，占比为 91.5%；农户饲养排放量为 345.3 kt CO_2e，占比为 8.5%。从排放气体来看，主要排放来自 CH_4 排放，总排放量为 3611.8 kt CO_2e，占比为 88.4%；N_2O 排放量为 473.8 kt CO_2e，占比为 11.8%。

从奶牛肠道发酵 CH_4 排放量分析看，主要来自繁殖母畜的排放，总的排放量为 2283.3 kt CO_2e，占肠道发酵 CH_4 排放量的 75.2%；其次为其他成年牛，排放量为 664.8 kt CO_2e，占肠道发酵 CH_4 排放量的 21.9%，而当年生仔畜肠道发酵 CH_4 排放量为 87.1 kt CO_2e，只占肠道发酵 CH_4 排放量的 2.9%。从粪便管理 CH_4 排放来看，与肠道发酵 CH_4 排放一样，主要来自繁殖母畜粪便管理排放，排放量为 440.6 kt CO_2e，占粪便管理 CH_4 排放量的 76.4%；其他成年牛粪便管理 CH_4 排放为 119.2 kt CO_2e，占粪便管理 CH_4 排放量的 20.7%；当年生仔畜排放量只占该排放源的 2.9%。从粪便管理 N_2O 排放来看，主要来自繁殖母畜的排放，总的排放量为 339.7 kt CO_2e，占粪便管理 N_2O 排放总量的 71.7%；其次为其他成年牛，排放量为 124.9 kt CO_2e，占粪便管理 N_2O 排放总量的 26.4%，而当年生仔畜粪便管理 N_2O 排放总量为 9.2 kt CO_2e，只占粪便管理 N_2O 排放量的 1.9%。

6. 不确定性分析

按照《畜牧业温室气体排放 MRV 指南》不确定性评估的要求，利用《IPCC 良好作法指南》中提供的误差传递法，分别计算了奶牛肠道发酵 CH_4 排放、粪便管理 CH_4 排放、粪便管理 N_2O 直接排放、粪便管理 N_2O 间接排放、奶牛温室气体排放的不确定性。

1）奶牛肠道发酵 CH_4 排放不确定性方面主要考虑了动物体重、日增重、产奶量的调查数据的不确定性，其不确定性由调研数据的均值和标准差确定；参照《IPCC 清单良好作法指南》，CH_4 转化因子的不确定性选择±40%；对于活动水平数据，由于活动水平数据来源于统计年鉴，其取值选择±5%。依据误差传递方程的方法进行计算，动物肠道发酵 CH_4 排放量的不确定性为±20.8%。

2）奶牛粪便管理 CH_4 排放不确定性方面主要考虑了粪便管理方式占比的不确定性，由调研参数的均值和标准差确定；粪便中灰分的不确定性选择±20%，不同粪便管理方式的 CH_4 转化系数取值为缺省值，其不确定性选择±50%；对于活动水平数据，其取值选择±5%。依据误差传递方程的方法进行计算，粪便管理 CH_4 排放量的不确定性为±35.0%。

3）奶牛粪便管理 N_2O 直接排放不确定性方面主要考虑了粪便管理方式占比的不确定性，由调研参数的均值和标准差确定；不同粪便管理方式的 N_2O 排放因子不确定性取值±100%；对于活动水平数据，其取值选择±5%。依据误差传递方程的方法进行计算，动物粪便管理 N_2O 直接排放量的不确定性为±61.3%。

4）奶牛粪便管理 N_2O 间接排放直接取缺省参数计算，主要来自排放因子不确定性和活动水平不确定性，其中间接排放因子不确定性取值为±100%；对于活动水平数据，其取值选择±5%。依据误差传递方程的方法进行计算，动物粪便管理 N_2O 间接排放量的不确定性为±52.1%。

基于上述 4 类排放源和排放量和不确定性，计算获得河北省奶牛温室气体排放总体不确定性为±23.5%。

7. 减排效果评估

利用本指南可以分析不同减排措施的效果，以畜禽废弃物管理为例，我国高度重视畜禽废弃物资源利用，提出了畜禽粪污以堆肥和沼气为主要使用方向，到 2020 年全国畜禽粪污资源化利用率达到75%以上。基于《畜牧业温室气体排放 MRV 指南》，如果案例省份的奶牛规模化饲养和农户饲养的液体粪污贮存管理方式全部改为厌氧沼气处理，粪便管理温室气体可以减排 225.5 kt CO_2e，减排比例达到 21.5%（1050.5kt CO_2e VS 825.0 kt CO_2e），河北省奶牛总的温室气体可以减少 5.5%的排放（表 7-28）。

表 7-28　奶牛粪便管理方式改变减排效果比较

项目		案例情景		减排情景	
		规模化饲养	农户饲养	规模化饲养	农户饲养
粪便管理方式占比/%	放牧放养/自然消纳	0.0	12.6	0	12.6
	固体贮存	26.2	33	26.2	33
	液体贮存	25.1	40.4	0	0
	厌氧沼气处理	12.6	2.6	37.7	43
	燃料燃烧	0.3	0	0.3	0
	垫草垫料	9.0	3.3	9	3.3
	堆肥和沤肥	5.7	0	5.7	0
	好氧处理	0.5	0	0.5	0
	其他	20.7	8.1	20.7	8.1
粪便管理 CH_4 综合排放因子/(kg CO_2e·头$^{-1}$·年$^{-1}$)		462.8		281.8	
粪便管理 N_2O 综合排放因子/(kg CO_2e·头$^{-1}$·年$^{-1}$)		380.3		380.3	
粪便管理 CH_4 排放量/kt CO_2 e		576.6		351.1	
粪便管理 N_2O 排放量/kt CO_2 e		473.8		473.9	
粪便管理 GHG 排放量/kt CO_2 e		1050.5		825.0	
减排比例/%		21.5			

8. 奶牛温室气体排放核证

按照《畜牧业温室气体排放 MRV 指南》核证的要求和核证清单，温室气体排放核算单位对河北省奶牛温室气体清单编制过程所采取的方法、活动水平数据、排放因子的计算、相关参数的计算与取值、各温室气体排放源的排放量计算、温室气体排放报告等进行了内部审核，修正了数据处理和核算过程中存在的问题。奶牛温室气体排放核算单位还聘请了行业专家对清单进行了外部评审。本清单编制机构汇总了对本报告的最终版本的核证结果（表 7-29）。

核证表明，河北省奶牛温室气体清单按照《畜牧业温室气体排放 MRV 指南》要求，核算方法采用指南推荐的方法，活动数据基本正确，根据河北省奶牛生产特点进行了动物分类、典型养殖场和养殖户的抽样调查，排放因子与国家清单等具有可比性。核查过程中，专家建议更正氮排泄量数据，由原来不同生长阶段奶牛采用同一排泄量改成不同生产阶段采用不同的氮排泄数据，清单编制团队进行了更正。

表 7-29 奶牛温室气体排放报告的核证清单

序号	核证内容	详细核证清单	核证结论	修改意见	完善修改状态
		1. 方法学选择			
1.1	方法学选择	● 是否符合 IPCC 指南或 MRV 指南的方法学要求？	是☒否☐ 存在问题？	建议：	解决☐ 部分☐ 没有☐
		● 粪便管理 CH_4 排放方法学的层级是否合理？	是☒否☐ 存在问题？	建议：	解决☐ 部分☐ 没有☐
		● 粪便管理 N_2O 排放方法学的层级是否合理？	是☒否☐ 存在问题？	建议：	解决☐ 部分☐ 没有☐
		● 肠道发酵 CH_4 排放方法学的层级是否合理？	是☒否☐ 存在问题？	建议：	解决☐ 部分☐ 没有☐
		2. 活动水平数据			
2.1	活动水平数据来源	● 存栏量数据来源是否清晰描述？	是☒否☐ 存在问题？	建议：	解决☐ 部分☐ 没有☐
		● 存栏量数据是否正确？	是☒否☐ 存在问题？	建议：	解决☐ 部分☐ 没有☐
2.2	详细分类描述及存栏量数据	● 是否清晰描述了动物详细分类及依据？	是☒否☐ 存在问题？	建议：	解决☐ 部分☐ 没有☐
		● 详细分类中的动物饲养方式是否符合指南分类，放牧饲养、农户饲养细化分类是否有依据，是否正确？	是☒否☐ 存在问题？	建议：	解决☐ 部分☐ 没有☐
		● 详细分类中生长阶段划分是否合理？	是☒否☐ 存在问题？	建议：	解决☐ 部分☐ 没有☐
		● 详细分类中的动物存栏量数据获取的方法是否正确？	是☒否☐ 存在问题？	建议：	解决☐ 部分☐ 没有☐

续表

序号	核证内容	详细核证清单	核证结论	修改意见	完善修改状态
2.3	利用出栏量计算存栏量	如果依据出栏量计算存栏量， ● 存栏量的计算方法是否清楚地进行了描述？ ● 出栏量的数据是否正确？ ● 饲养天数数据是否合理？	是□否☒ 存在问题？ 不适用于奶牛，在《河北省统计年鉴》中有奶牛存栏量数据	建议：	解决□ 部分□ 没有□
2.4	存栏量的交叉核对	● 详细分类中的存栏量总和是否等于总的饲养量？	是☒否□ 存在问题？	建议：	解决□ 部分□ 没有□
		● 各排放源之间取值是否一致？	是☒否□ 存在问题？	建议：	解决□ 部分□ 没有□
		● 与往年活动水平数据是否可比？ ● 如果有较大的变化，清单报告中是否有详细的解释？	是□否☒ 存在问题？ 因往年没有不同生长阶段的动物存栏量数据，因此，课题组依据调研结果计算的不同生长阶段的奶牛存栏量数据与往年无法比较	建议：	解决□ 部分□ 没有□
		● 存栏量是否与《国家统计年鉴》、《中国畜牧兽医年鉴》、本省（市县）年鉴的数据可比？	是☒否□ 存在问题？	建议：	解决□ 部分□ 没有□
3. 排放因子					
3.1	综合排放因子（IEF）	● 推算的肠道发酵 CH_4 综合排放因子是否与 IPCC 缺省值、国家或其他区域（或企业）的排放因子具有可比性？ ● IEF 是否等于总的肠道发酵 CH_4 排放量除以总的奶牛数量？	是☒否□ 存在问题？ 河北奶牛肠道发酵 CH_4 综合排放因子为 95.79kg CH_4·头$^{-1}$·年$^{-1}$，与东欧（99kg CH_4·头$^{-1}$·年$^{-1}$）具有可比性。 目前中国省级奶牛排放因子直接采用了《省级温室气体清单编制指南》中提供的区域温室气体排放因子，本计算结果与推荐的华北区域的排放因子具有可比性	建议：	解决□ 部分□ 没有□
		● 推算粪便管理 CH_4 综合排放因子（IEF）是否与 IPCC 缺省值、国家或其他区域（或企业）的排放因子具有可比性？	是□否☒ 存在问题？	建议：河北奶牛粪便 CH_4 综合排放因子为 16.09kg CH_4·头$^{-1}$·年$^{-1}$，与东欧具有可比性	解决□ 部分□ 没有□
		● 推算粪便管理 N_2O 综合排放因子（IEF）是否与 IPCC 缺省值、国家或其他区域（或企业）的排放因子具有可比性？	是□否☒ 存在问题？	建议：综合 N_2O 直接排放因子为 0.79kg N_2O·头$^{-1}$·年$^{-1}$	解决□ 部分□ 没有□
3.2	肠道发酵 CH_4 排放因子计算方法	● 维持净能、活动净能、生长净能、泌乳净能、劳动净能、妊娠需要的净能、日粮中维持净能与可消化能之比、日粮中生长净能与可消化能之比、总能、排放因子等计算公式、单位是否正确？	是☒否□ 存在问题？	建议：	解决□ 部分□ 没有□
		● 维持净能、活动净能、生长净能、泌乳净能、劳动净能、妊娠需要的净能、日粮中维持净能与可消化能之比、日粮中生长净能与可消化能之比、总能、排放因子等计算公式中的参数选取是否有依据？	是☒否□ 存在问题？	建议：	解决□ 部分□ 没有□

续表

序号	核证内容	详细核证清单	核证结论	修改意见	完善修改状态
3.3	奶牛肠道发酵 CH_4 排放因子关键参数获取方法	● 是否清晰描述了 CH_4 排放因子计算过程中所涉及的动物特征参数、饲料特征参数，如奶牛体重、日增重、采食量、饲料消化率、产奶量等参数的取值？	是☒否☐ 存在问题？	建议：	解决☐ 部分☐ 没有☐
		● 如果是通过调研获得的动物特征参数和饲料特征参数，是否详细描述了调研方法？ ● 是否论证了调研方法和结果的代表性？	是☒否☐ 存在问题？	建议：	解决☐ 部分☐ 没有☐
		● 如果是通过文献获得的动物特征参数、饲料特征参数，是否提供了参考文献？ ● 是否论证了文献数据的代表性和适用性？	是☒否☐ 存在问题？	建议：部分参数来自国家清单编制所采用的推荐值	解决☐ 部分☐ 没有☐
3.4	肠道发酵 CH_4 排放因子关键参数的可比性	● 奶牛体重、日增重、产奶量、采食量、饲料消化率等参数与 IPCC 缺省值、国家清单参数、其他区域（或企业）和地区参数是否具有可比性？	是☒否☐ 存在问题？	建议：	解决☐ 部分☐ 没有☐
		● 维持净能、活动净能、生长净能、泌乳净能、劳动净能、妊娠需要的净能、日粮中维持净能与可消化能之比、日粮中生长净能与可消化能之比、总能的计算结果，与 IPCC 缺省值、国家清单参数、其他区域（或企业）参数是否具有可比性？	是☒否☐ 存在问题？	建议：	解决☐ 部分☐ 没有☐
		● 泌乳奶牛单产产量与 FAO、国家统计年鉴等数据是否可比？	是☒否☐ 存在问题？	建议：	解决☐ 部分☐ 没有☐
3.5	粪便管理 CH_4 排放因子计算方法	● 挥发性固体排泄量、排放因子公式、单位是否正确？	是☒否☐ 存在问题？	建议：	解决☐ 部分☐ 没有☐
		● 挥发性固体排泄量、排放因子公式中的参数选取是否有依据？	是☒否☐ 存在问题？	建议：	解决☐ 部分☐ 没有☐
		● 奶牛摄取饲料总能、饲料消化率的取值是否与计算奶牛肠道发酵 CH_4 排放因子时的取值一致或具有可比性？	是☒否☐ 存在问题？	建议：	解决☐ 部分☐ 没有☐
3.6	粪便管理 CH_4 排放因子关键参数获取方法	● 粪便管理方式的分类和描述是否清晰、正确？	是☒否☐ 存在问题？	建议：	解决☐ 部分☐ 没有☐
		● 是否清晰描述了不同粪便管理方式利用率数据获得方法？	是☒否☐ 存在问题？	建议：	解决☐ 部分☐ 没有☐
		● 粪便挥发性固体排泄量、CH_4 产生潜力、CH_4 转化系数获得方法是否清晰描述？	是☐否☒ 存在问题？	建议：	解决☐ 部分☐ 没有☐
		● 当地温度的获取方法和取值是否描述？	是☒否☐ 存在问题？	建议：	解决☐ 部分☐ 没有☐

续表

序号	核证内容	详细核证清单	核证结论	修改意见	完善修改状态
3.7	粪便管理 CH_4 排放因子关键参数是否具有可比性	● 粪便管理方式利用率数据是否与国家清单、邻近省份、IPCC 缺省值、国家污染普查数据、直联直报系统数据有可比性？	是☒否☐ 存在问题？	建议：采用第二次污染普查数据，数据更有代表性	解决☐ 部分☐ 没有☐
		● 挥发性固体含量数据与IPCC 缺省值、国家清单参数、其他区域（或企业）参数是否具有可比性？	是☒否☐ 存在问题？	建议：	解决☐ 部分☐ 没有☐
		● CH_4 潜力参数与 IPCC 缺省值、国家清单参数、其他区域（或企业）参数是否具有可比性？	是☒否☐ 存在问题？	建议：	解决☐ 部分☐ 没有☐
		● CH_4 转化系数与 IPCC 缺省值、国家清单参数、其他区域（或企业）参数是否具有可比性？	是☒否☐ 存在问题？	建议：	解决☐ 部分☐ 没有☐
3.8	动物粪便 N_2O 排放因子计算方法	● 粪便管理 N_2O 直接和间接排放计算公式、单位是否正确？	是☒否☐ 存在问题？	建议：	解决☐ 部分☐ 没有☐
		● 粪便氮排泄量、挥发性氮、径流和淋溶氮的计算公式、单位是否正确？	是☐否☒ 存在问题？ 未分阶段提供氮排泄量	建议：分阶段提供氮排泄量	解决☐ 部分☐ 没有☐
3.9	动物粪便 N_2O 排放因子关键参数获取方法	● 粪便管理 N_2O 直接和间接排放的排放因子的选取和依据是否清晰描述？	是☒否☐ 存在问题？	建议：	解决☐ 部分☐ 没有☐
		● 动物粪便氮排泄量、各种系数获取的方法和来源是否清晰描述？	是☒否☐ 存在问题？	建议：	解决☐ 部分☐ 没有☐
3.10	动物粪便 N_2O 排放因子及关键参数的可比性	● 动物粪便氮排泄量、直接排放、间接排放相关系数是否与 IPCC 缺省值、相关文献数据具有可比性？	是☒否☐ 存在问题？	建议：	解决☐ 部分☐ 没有☐
		● 粪便管理 N_2O 直接排放所采用的粪便管理系统比例是否与计算粪便管理 CH_4 排放时一致？	是☒否☐ 存在问题？	建议：	解决☐ 部分☐ 没有☐
4. 排放量计算及不确定性					
4.1	排放量计算	● 排放量计算是否可重复、正确？	是☒否☐ 存在问题？	建议：	解决☐ 部分☐ 没有☐
4.2	确定性确定	● 是否报告了不确定性？ ● 不确定性计算方法是否合理？	是☒否☐ 存在问题？	建议：	解决☐ 部分☐ 没有☐
		● 是否对不确定性计算参数的来源、选择的依据进行了描述？	是☒否☐ 存在问题？	建议：	解决☐ 部分☐ 没有☐
5. 温室气体排放报告					
5.1	温室气体排放报告	● 是否依据 MRV 指南的报告要求？ ● 排放源是否报告完整？	是☒否☐ 存在问题？	建议：	解决☐ 部分☐ 没有☐
5.2	通用报告表（Excel）	● 与清单报告数据是否一致？ ● 是否对不报告的数据进行了注明？	是☒否☐ 存在问题？	建议：	解决☐ 部分☐ 没有☐

9. 附表

9.1 河北省奶牛温室气体排放报告相关表格（附表 7-1 至附表 7-7）

附表 7-1 奶牛温室气体排放量报告

源类别	CH_4 排放量/t	N_2O 排放量/t	排放量/t CO_2e
动物肠道发酵 CH_4 排放	121 405.8		3 035 144.8
动物粪便管理 CH_4 排放	23 065.3		576 633.6
动物粪便管理 N_2O 排放		1 590.0	473 818.3
合计	144 471.1	1 590.0	4 085 596.7

注：灰色框表示不用填写相应内容，本部分同。

附表 7-2 奶牛不同饲养方式、不同生长阶段活动水平数据占比表

动物	饲养方式	年末存栏量/万头	不同生长阶段占比/%		
			当年生仔畜	其他成年畜	繁殖母畜
奶牛	规模化饲养	112.36	10.1	34.6	55.3
	农户饲养	12.24	10.7	19.8	69.5
	放牧饲养	0	—	—	—
	小计	124.60			

注：“—”表示河北省无此类数据，本部分同。

附表 7-3 奶牛肠道发酵活动水平数据和其他相关数据表

饲养方式	生长阶段	年末存栏量/万头	平均摄入总能/（$MJ·头^{-1}·天^{-1}$）	平均 CH_4 转化因子（Y_m）/%	CH_4 排放因子/（$kg\ CH_4·头^{-1}·年^{-1}$）	CH_4 排放量/t
规模化饲养	当年生仔畜	11.39	69.8	6.0	27.5	3128.7
	其他成年畜	38.89	149.8	6.5	63.9	24835.3
	繁殖母畜	62.08	336.4	6.0	132.4	82185.1
农户饲养	当年生仔畜	1.31	68.8	6.0	27.1	354.7
	其他成年畜	2.42	147.5	7.5	72.5	1755.7
	繁殖母畜	8.51	252.1	6.5	107.5	9146.3
放牧饲养	当年生仔畜	—	—	—	—	—
	其他成年畜	—	—	—	—	—
	繁殖母畜	—	—	—	—	—

附表 7-4　计算奶牛肠道发酵 CH_4 排放活动水平数据及排放因子数据表

饲养方式	生长阶段	体重/kg	日增重/（kg·天$^{-1}$）	产奶量/（kg·天$^{-1}$）	奶脂肪含量/%	工作时间/（小时·天$^{-1}$）	妊娠率/%	采食量/（kg 干物质/天）	饲料消化率/%	采食总能/（MJ·头$^{-1}$·天$^{-1}$）	CH_4 排放因子/（kg CH_4·头$^{-1}$·年$^{-1}$）
规模化饲养	当年生仔畜	160.0	0.83	0	0	0	0	3.5	70	69.8	27.5
	其他成年畜	475.0	0.74	0	0	0	0	7.6	70	149.8	63.9
	繁殖母畜	687.5	0.0	26.42	3.34	0	82.3	18.2	70	336.4	132.4
农户饲养	当年生仔畜	134.62	0.70	0	0	0	0	3.2	65	68.8	27.1
	其他成年畜	372.07	0.70	0	0	0	0	7.0	65	147.5	72.5
	繁殖母畜	546.38	0.00	16.7	3.40	0	83.95	13.7	65	252.1	107.5
放牧饲养	当年生仔畜	—	—	—	—	—	—	—	—	—	—
	其他成年畜	—	—	—	—	—	—	—	—	—	—
	繁殖母畜	—	—	—	—	—	—	—	—	—	—

附表 7-5　动物粪便管理活动水平数据和其他相关数据表

动物	饲养方式	生长阶段	年末存栏量/万头	气候区分别占比/%			年平均温度/℃	平均动物体重/kg	平均 VS 排泄量/（kg DM·头$^{-1}$·天$^{-1}$）	平均 CH_4 最大产生潜力（B_0）/（m^3CH_4·kg^{-1} VS）	CH_4 排放因子/（kgCH_4·头$^{-1}$·年$^{-1}$）	CH_4 排放量/t
				寒冷区	温和区	温暖区						
奶牛	规模化饲养	当年生仔畜	11.39	100	0	0	13	160.0	1.18	0.24	5.45	620.4
		其他成年畜	38.89	100	0	0	13	475.0	2.54	0.24	11.69	4 545.7
		繁殖母畜	62.08	100	0	0	13	687.5	5.70	0.24	26.25	16 296.3
	农户饲养	当年生仔畜	1.31	100	0	0	13	134.62	1.34	0.13	4.25	55.7
		其他成年畜	2.42	100	0	0	13	372.07	2.87	0.13	9.12	220.7
		繁殖母畜	8.51	100	0	0	13	546.38	4.90	0.13	15.59	1 326.5
	放牧饲养	当年生仔畜	—	—	—	—	—	—	—	—	—	—
		其他成年畜	—	—	—	—	—	—	—	—	—	—
		繁殖母畜	—	—	—	—	—	—	—	—	—	—

附表 7-6 奶牛粪便管理系统

（%）

动物种类	饲养方式	放牧放养/自然消纳	固体贮存	运动场风干	液体贮存	厌氧氧化塘	舍内粪坑贮存（≤1 个月）	厌氧沼气处理	燃料燃烧	猪牛垫草垫料	堆肥和沤肥	好氧处理	肉鸡粪便垫料	其他
奶牛	规模化饲养	0.0	26.2	0.0	25.1	0.0	0.0	12.6	0.3	9.0	5.7	0.5	—	20.7
	农户饲养	12.6	33.0	0.0	40.4	0.0	0.0	2.6	0.0	3.3	0.0	0.0	—	8.1
	放牧饲养	—	—	—	—	—	—	—	—	—	—	—	—	—
	MCF	0.1	2.0	1.0	22	71	3.0	10.0	10.0	3.0	0.5	0.1	—	1.0

附表 7-7 奶牛粪便管理相关参数与 N_2O 排放

动物种类	饲养方式	生长阶段	存栏量/万头	典型动物体重/kg	氮排泄量/(kg N·头$^{-1}$·年$^{-1}$)	不同粪便管理方式处理的氮/(kg N·年$^{-1}$)												总氮量/(kg N·年$^{-1}$)	氨挥发总量/(kg N·年$^{-1}$)	氮淋溶和径流渗漏总量/(kg N·年$^{-1}$)	排放因子			排放量/t N_2O		
						放牧放养/自然消纳	燃料燃烧	固体贮存	运动场风干	堆肥处理	垫草垫料	舍内粪坑贮存(≤1 个月)	液体贮存	厌氧氧化塘	厌氧沼气处理	好氧处理	其他				直接排放/(kg N_2O·头$^{-1}$·年$^{-1}$)	氮沉降/[kg N_2O-N·(kg N)$^{-1}$]	径流和淋溶/[kg N_2O-N·(kg N)$^{-1}$]	直接排放	氮沉降	径流和淋溶
奶牛	规模化饲养	当年生仔畜	11.39	160.0	14.42	0	4926	430 244	0	93 603	147 794	0	412 180	0	206 911	8 211	338 284	1 642 153			0.185			21.1		
		其他成年畜	38.89	475.0	58.77	0	68 561	5 987 672	0	1 302 661	2 056 834	0	5 736 281	0	2 879 567	114 269	4 707 864	22 853 709			0.754			293.1		
		繁殖母畜	62.08	687.5	96.91	0	180 481	15 761 966	0	3 429 130	5 414 416	0	15 100 204	0	7 580 182	300 801	12 392 996	60 160 176			1.243			771.6		
	农户饲养	当年生仔畜	1.31	134.62	14.42	23 798	0	62 327	0	0	6 233	0	76 303	0	4 911	0	15 298	188 869			0.047			0.6		
		其他成年	2.42	372.07	58.77	179 186	0	469 297	0	0	46 930	0	574 534	0	36 975	0	115 191	1 422 113			0.190			4.6		
		繁殖母畜	8.51	546.38	96.91	1 039 100	0	2 721 453	0	0	272 145	0	3 331 719	0	214 418	0	667 993	8 246 828			0314			26.7		
	放牧饲养	当年生仔畜	—	—	—	—	—	—	—	—	—	—	—	—	—	—	—	—			—			–		
		其他成年畜	—	—	—	—	—	—	—	—	—	—	—	—	—	—	—	—			—			–		
		繁殖母畜	—	—	—	—	—	—	—	—	—	—	—	—	—	—	—	—			—			–		
粪便管理系统处理的总氮量/(kg N·年$^{-1}$)						1 242 084	253 968	25 432 959	0	4 825 394	7 944 352	0	25 231 221	0	10 922 964	423 281	18 237 626	94 513 848								
直接排放因子 EF_3/[kg N_2O-N·(kg N)$^{-1}$]						0	0.007	0.005	0.02	0.1	0.01	0.002	0	0.0	0	0.005	0.001									
氨挥发造成的 N_2O 间接排放因子 EF_4/%						7	0	30	20	20	40	20	40	35	40	20	20		30 053 509			0.01			472.3	
氮淋溶径流损失 N_2O 间接排放因子 EF_5/%						0	0	0	0	0	0	0	0	0	0	0	0			0			0.0075			0
直接排放量/kg N_2O						0	2 794	199 830	0	758 276	124 840	0	0	0	0	3 326	28 659							1117.73		
间接排放量/kg N_2O						1 366	0	119 898	0	15 166	49 936	0	158 596	0	68 659	1 330	57 318									
总排放量/kg N_2O						1 366	2 794	319 729	0	773 442	174 776	0	158 596	0	68 659	4 656	85 977							1 117.73	472.3	0

9.2　河北省奶牛温室气体排放清单数据典型调查表（附表 7-8 至附表 7-10）

附表 7-8　奶牛群体结构调查表

省份：河北省　　县名：全省各区县　　调查年份：2017 年

数据来源：抽样调查　　填表人　　调查日期：2019 年 12 月

动物类型	饲养方式	全省总饲养量/万头	样点县*饲养量/万头	生长阶段结构/%		
				当年生仔畜	其他成年畜	繁殖母畜
奶牛	规模化饲养	112.36	80.0	10.1	34.6	55.3
	农户饲养	12.24	11.54	10.7	19.8	69.5

注：规模化饲养：单个养殖场（区）奶牛（存栏）≥100 头；

农户饲养：单个家庭养殖的畜禽，本指南中农区小于规模饲养量标准的养殖都计入农户饲养。

*列数据由河北省污染源普查整体数据汇总获得。

附表 7-9　奶牛生产特性参数

省份：河北省　　县名：河北省典型调查均值　　调查人：　　调查日期：2019 年 10～12 月

饲养方式			规模化饲养				农户饲养			
项目			出生	当年生仔畜	其他成年畜	繁殖母畜	出生	当年生仔畜	其他成年畜	繁殖母畜
日龄/天			—	NA	NA	NA	—	185	365	365
平均体重/kg			NA	160	475	687.5	NA	134.6	372.1	546.4
日增重/(kg·天$^{-1}$)			—	0.83	0.74	0	—	0.7	0.7	0
泌乳期产奶量/(kg·头$^{-1}$·天$^{-1}$)			—	—	—	26.4	—	—	—	106.7
泌乳天数/(天·年$^{-1}$)			—	—	—	321.8	—	—	—	NA
奶脂肪含量/%			—	—	—	3.8	—	—	—	NA
繁殖母畜泌乳率/%			—	—	—	88	—	—	—	81
繁殖母畜妊娠率/%			—	—	—	82	—	—	—	84
产犊数/(个·胎$^{-1}$)			—	—	—	1	—	—	—	1
饲料组成	TMR 饲料/(kg·天$^{-1}$)		—	3.5	7.6	18.2	—	3.2	7.0	12.9
	精饲料/(kg·天$^{-1}$)		NA	NA	NA	NA	NA	NA	NA	NA
	粗饲料/(kg·天$^{-1}$)		—	NA	NA	NA	—	NA	NA	NA
	粗饲料/(kg·天$^{-1}$)	青贮饲料	—	NA	NA	NA	—	NA	NA	NA
		青干草、苜蓿干草	—	NA	NA	NA	—	NA	NA	NA
		氨化秸秆	—	NA	NA	NA	—	NA	NA	NA
		干秸秆	—	NA	NA	NA	—	NA	NA	NA
		块根多汁饲料、青绿饲料	—	NA	NA	NA	—	NA	NA	NA
	酒糟、麦麸		—	NA	NA	NA	—	NA	NA	NA
采食总能/(MJ·天$^{-1}$)			—	NA	NA	NA	—	NA	NA	NA
饲料消化率/%			—	NA	NA	NA	—	NA	NA	NA

注：NA 表示调查数据无法获得分阶段的详细数据。

附表 7-10 奶牛粪便管理方式调查表

省份：河北省 县名：全省数据均值 调查人： 调查日期：2019 年 12 月

动物类型	饲养方式	粪便管理方式占比/%												
		放牧放养/自然消纳	燃料燃烧	固体贮存	运动场风干	堆肥处理	垫草垫料	舍内粪坑贮存（≤1 个月）	液体贮存	厌氧氧化塘	厌氧沼气处理	好氧处理	其他	肉鸡粪便垫料
奶牛	规模化饲养	0.0	0.3	26.2	0.0	5.7	9.0	0.0	25.1	0.0	12.6	0.5	20.7	0
	农户饲养	12.6	0.0	33.0	0.0	0.0	3.3	0.0	40.4	0.0	2.6	0.0	8.1	0

注：放牧放养/自然消纳：农区放养或草原放牧的动物排泄的粪便，不采取任何处理措施，动物粪便留在农田或草地上自然风干或被植物利用。

燃料燃烧：在牧区或一些薪柴缺乏地区，粪便被收集晒干后作为燃料。

固体贮存：粪便收集后，放置在敞开的有砖砌或没有砖砌的池子里面，存放的粪便定期拉走。有时会通过覆盖、压实、添加添加剂等减少气体排放。

运动场风干：粪便产生后直接放置在场地上，通过太阳照射和通风的作用，自然晾干，累积的粪便会定时清运。

堆肥处理：动物固体粪便收集与秸秆等辅料混合后通过搅拌和通风方式供氧后进行的好氧发酵的过程。主要堆肥方式可分为槽式堆肥、容器堆肥、条垛堆肥、覆膜堆肥等。

垫草垫料：在牛舍和猪舍中不断地添加垫料来吸收动物产生的粪便和尿液。

舍内粪坑贮存：动物产生的粪便尿液和污水直接通过漏缝地板贮存在畜舍地板下的贮存池中，并定期排出。一般分为舍内贮存时间≤1 个月和>1 个月两种类型。

液体贮存：液体粪便收集后，放置在敞开液体贮存池中贮存，液体粪便定期拉走。

厌氧氧化塘：粪便和污水从畜舍排出后，进入一个大贮存池中，贮存时间一般超过 6 个月甚至更长，氧化塘的上清液可以回用或灌溉农田。一般分为露天氧化塘或覆膜氧化塘。

厌氧沼气处理：收集的粪便在大型容器或密闭的粪池中进行厌氧发酵产生沼气，沼气收集后进行发电、生产生物天然气等利用，或者通过火炬燃烧，防止温室气体排放。厌氧沼气处理后的沼液在利用前可分为露天贮存或覆膜密闭贮存。

好氧处理：养殖污水通过强制通风供氧或自然供氧去除污水中有机物。

肉鸡粪便垫料：鸡舍内铺设垫料，肉鸡在垫料上饲养，定期将垫料和粪便一同清理利用。

其他：未包含在上述粪便管理方式之外的处理利用方式。

附表　畜牧业温室气体排放清单数据典型调查表

附表 1　动物群体结构调查

省份：　　　　　　　　县名：　　　　　　　　调查年份：
数据来源：　　　　　　填表人：　　　　　　　调查日期：

动物类型	饲养方式	样点县存栏量/(万头、万只)	不同饲养阶段存栏量/(万头、万只)			
			繁殖母畜	青年/育肥	育成	犊牛/保育
奶牛	规模化舍饲					
	农户舍饲					
	合计					
	规模化放牧（含半舍饲）					
	农户放牧（含半舍饲）					
	合计					
肉牛（含牦牛）	规模化舍饲					
	农户舍饲					
	合计					
	规模化放牧（含半舍饲）					
	农户放牧（含半舍饲）					
	合计					
水牛	规模化舍饲					
	农户饲养					
	合计					
山羊	规模化舍饲					—
	农户舍饲					—
	合计					—
	规模化放牧（含半舍饲）					—
	农户放牧（含半舍饲）					—
	合计					—

续表

动物类型	饲养方式	样点县存栏量/(万头、万只)	不同饲养阶段存栏量/(万头、万只)			
			繁殖母畜	青年/育肥	育成	犊牛/保育
绵羊	规模化舍饲					—
	农户舍饲					—
	合计					—
	规模化放牧（含半舍饲）					—
	农户放牧（含半舍饲）					—
	合计					—
生猪	规模化饲养					
	农户饲养					
	合计					
肉鸡	规模化饲养		—	—	—	—
	农户饲养		—	—	—	—
	合计		—	—	—	—
蛋鸡	规模化饲养		—	—	—	—
	农户饲养		—	—	—	—
	合计		—	—	—	—
水禽	规模化饲养		—	—	—	—
	农户饲养		—	—	—	—
	合计		—	—	—	—

注：规模化饲养：奶牛（年存栏）≥100 头，肉牛（年出栏）≥50 头，水牛（年出栏）≥50 头，羊（年出栏）≥100 只；生猪（年出栏）≥500 头；肉鸡（鸭）（年出栏）≥10 000 只；蛋鸡（鸭）（年存栏）≥2000 只。

放牧饲养：全国 12 个省 266 个牧区、半农半牧区县的奶牛、肉牛（含牦牛）、山羊和绵羊放牧的饲养量。

繁殖母畜：具备正常繁殖能力的种用母畜。

青年/育肥：青年奶牛是指育成牛配种至产第一胎之前阶段；育肥肉牛、水牛是指从架子牛到育肥出栏阶段；育肥羊是指从断奶到出栏阶段的肉羊；育肥生猪是指 4 月龄至育肥出栏阶段。

育成：育成奶牛是指 6 月龄至配种前的阶段；育成肉牛、水牛是指从 6 月龄到架子牛出栏阶段；育成羊是指体重达到繁殖母羊体重的 70%左右，进行配种至第一胎之前阶段；育成生猪是指保育结束至 4 月龄阶段。

犊牛/保育：犊牛是指断奶到 6 月龄阶段；保育生猪是指断奶到转入生长育肥阶段（一般 2 月龄左右）。

根据调查数据的可获得性，对于奶牛、肉牛和水牛，可以按表格 4 个阶段进行调查，也可以将青年和育成阶段合并成 1 个阶段，即为“其他成年畜”。犊牛指当年生仔畜，对于山羊和绵羊，可以分为表中 3 个阶段，也可以只调查两个阶段，即“繁殖母畜”和“当年生仔畜”。生猪可以按表中 4 个阶段调查，也可以只调查 3 个阶段，即“繁殖母畜”、“育成”和“保育”，后续表格饲养阶段与此要求一致。

“—”表示不统计该阶段数据，后同。

附表 2　生产特性参数——奶牛

省份：　　县名：　　调查年度：　　调查人：　　调查日期：

饲养方式				规模化舍饲				农户舍饲				放牧饲养（含半舍饲）			
项目				犊牛	育成牛	青年牛	泌乳牛	犊牛	育成牛	青年牛	泌乳牛	犊牛	育成牛	青年牛	泌乳牛
饲养天数/天															
平均体重/kg															
日增重/(kg·天$^{-1}$)															
泌乳期产奶量/(kg·头$^{-1}$·天$^{-1}$)				—	—	—		—	—	—		—	—	—	
泌乳天数/(天·年$^{-1}$)				—	—	—		—	—	—		—	—	—	
奶脂肪含量/%				—	—	—		—	—	—		—	—	—	
奶蛋白质含量/%				—	—	—		—	—	—		—	—	—	
繁殖母畜泌乳率/%				—	—	—		—	—	—		—	—	—	
繁殖母畜妊娠率/%				—	—	—		—	—	—		—	—	—	
产犊数/(个·胎$^{-1}$)				—	—	—		—	—	—		—	—	—	
饲料组成	TMR日粮	摄入量/(kg VS·天$^{-1}$)													
		全县饲喂占比/%													
	其他日粮类型	精饲料/(kg VS·天$^{-1}$)													
		粗饲料/(kg VS·天$^{-1}$)													
		粗饲料组成/(kg VS·天$^{-1}$)	青贮饲料												
			干草、干苜蓿												
			氨化秸秆												
			鲜草												
			干秸秆												
			块根多汁饲料（胡萝卜、白薯等）												
			酒糟、麦麸												
	粗蛋白含量/%														
采食总能/(MJ·天$^{-1}$)															
饲料消化率/%															

附表 3　生产特性参数——肉牛

省份：　　　　县名：　　　　调查年度：　　　　调查人：　　　　调查日期：

饲养方式				规模化舍饲				农户舍饲				放牧饲养（含半舍饲）			
项目				犊牛	育成牛	育肥牛	繁殖母牛	犊牛	育成牛	育肥牛	繁殖母牛	犊牛	育成牛	育肥牛	繁殖母牛
饲养天数/天															
平均体重/kg															
日增重/(kg·天$^{-1}$)															
劳役时间/(小时·天$^{-1}$)				—	—			—	—			—	—		
泌乳期产奶量/(kg·头$^{-1}$·天$^{-1}$)				—	—	—		—	—	—		—	—	—	
泌乳天数/(天·年$^{-1}$)				—	—	—		—	—	—		—	—	—	
奶脂肪含量/%				—	—	—		—	—	—		—	—	—	
奶蛋白质含量/%				—	—	—		—	—	—		—	—	—	
繁殖母畜泌乳率/%				—	—	—		—	—	—		—	—	—	
繁殖母畜妊娠率/%				—	—	—		—	—	—		—	—	—	
产犊数/(个·胎$^{-1}$)				—	—	—		—	—	—		—	—	—	
饲料组成	TMR日粮	摄入量/(kg VS·天$^{-1}$)													
		全县饲喂占比/%													
	其他日粮类型	精饲料/(kg VS·天$^{-1}$)													
		粗饲料/(kg VS·天$^{-1}$)													
		粗饲料组成/(kg VS·天$^{-1}$)	青贮饲料												
			干草、干苜蓿												
			氨化秸秆												
			鲜草												
			干秸秆												
			块根多汁饲料（胡萝卜、白薯等）												
			酒糟、麦麸												
	粗蛋白含量/%														
采食总能/(MJ·天$^{-1}$)															
饲料消化率/%															

附表 4　生产特性参数——水牛

省份：　　县名：　　调查年度：　　调查人：　　调查日期：

饲养方式				规模化舍饲				农户舍饲			
项目				犊牛	育成牛	育肥牛	繁殖母牛	犊牛	育成牛	育肥牛	繁殖母牛
饲养天数/天											
平均体重/kg											
日增重/(kg·天$^{-1}$)											
劳役时间/(小时·天$^{-1}$)				—	—			—	—		
泌乳期产奶量/(kg·头$^{-1}$·天$^{-1}$)				—	—	—		—	—	—	
泌乳天数/(天·年$^{-1}$)				—	—	—		—	—	—	
奶脂肪含量/%				—	—	—		—	—	—	
奶蛋白质含量/%				—	—	—		—	—	—	
繁殖母畜泌乳率/%				—	—	—		—	—	—	
繁殖母畜妊娠率/%				—	—	—		—	—	—	
产犊数/(个·胎$^{-1}$)				—	—	—		—	—	—	
饲料组成	TMR日粮	摄入量/(kg VS·天$^{-1}$)									
		全县饲喂占比/%									
	其他日粮类型	精饲料/(kg VS·天$^{-1}$)									
		粗饲料/(kg VS·天$^{-1}$)									
		粗饲料组成/(kg VS·天$^{-1}$)	青贮饲料								
			干草、干苜蓿								
			氨化秸秆								
			鲜草								
			干秸秆								
			块根多汁饲料（胡萝卜、白薯等）								
			酒糟、麦麸								
	粗蛋白含量/%										
采食总能/(MJ·天$^{-1}$)											
饲料消化率/%											

附表 5　生产特性参数——山羊

省份：　　县名：　　调查年度：　　调查人：　　调查日期：

饲养方式				规模化舍饲			农户舍饲			放牧饲养（含半舍饲）		
项目				育肥羊	育成羊	繁殖母羊	育肥羊	育成羊	繁殖母羊	育肥羊	育成羊	繁殖母羊
饲养天数/天										—		
平均体重/kg												
日增重/(kg·天$^{-1}$)										—		
产毛量/(kg·只$^{-1}$)												
泌乳期产奶量/(kg·头$^{-1}$·天$^{-1}$)				—	—		—	—		—	—	
泌乳天数/(天·年$^{-1}$)				—	—		—	—		—	—	
奶脂肪含量/%				—	—		—	—		—	—	
奶蛋白质含量/%				—	—		—	—		—	—	
繁殖母畜泌乳率/%				—	—		—	—		—	—	
繁殖母畜妊娠率/%				—	—		—	—		—	—	
产羔数/(个·胎$^{-1}$)				—	—		—	—		—	—	
饲料组成	TMR日粮	摄入量/(kg VS·天$^{-1}$)										
		全县饲喂占比/%										
	其他日粮类型	精饲料/(kg VS·天$^{-1}$)										
		粗饲料/(kg VS·天$^{-1}$)										
		粗饲料组成/(kg VS·天$^{-1}$)	青贮饲料									
			干草、干苜蓿									
			氨化秸秆									
			鲜草									
			干秸秆									
			块根多汁饲料（胡萝卜、白薯等）									
			酒糟、麦麸									
	粗蛋白含量/%											
采食总能/(MJ·天$^{-1}$)												
饲料消化率/%												

附表 6　生产特性参数——绵羊

省份：　　县名：　　调查年度：　　调查人：　　调查日期：

饲养方式				规模化舍饲			农户舍饲			放牧饲养（含半舍饲）		
项目				育肥羊	育成羊	繁殖母羊	育肥羊	育成羊	繁殖母羊	育肥羊	育成羊	繁殖母羊
饲养天数/天										—		
平均体重/kg												
日增重/(kg·天$^{-1}$)										—		
产毛量/(kg·只$^{-1}$)												
泌乳期产奶量/(kg·头$^{-1}$ 天$^{-1}$)				—	—		—	—		—	—	
泌乳天数/(天·年$^{-1}$)				—	—		—	—		—	—	
奶脂肪含量/%				—	—		—	—		—	—	
奶蛋白质含量/%				—	—		—	—		—	—	
繁殖母畜泌乳率/%				—	—		—	—		—	—	
繁殖母畜妊娠率/%				—	—		—	—		—	—	
产羔数/(个·胎$^{-1}$)				—	—		—	—		—	—	
饲料组成	TMR日粮	摄入量/(kg VS·天$^{-1}$)										
		全县饲喂占比/%										
	其他日粮类型	精饲料/(kg VS·天$^{-1}$)										
		粗饲料/(kg VS·天$^{-1}$)										
		粗饲料组成/(kg VS 天$^{-1}$)	青贮饲料									
			干草、干苜蓿									
			氨化秸秆									
			鲜草									
			干秸秆									
			块根多汁饲料（胡萝卜、白薯等）									
			酒糟、麦麸									
	粗蛋白含量/%											
采食总能/(MJ·天$^{-1}$)												
饲料消化率/%												

附表 7 生产特性参数——生猪

省份：　　　　县名：　　　　调查年度：　　　　调查人：　　　　调查日期：

饲养方式			规模化饲养					农户饲养				
项目			出生	断奶保育	育成	育肥	繁殖母猪	出生	断奶保育	育成	育肥	繁殖母猪
饲养天数/天			—					—				
平均体重/kg												
日增重/(kg·天$^{-1}$)			—					—				
产仔数/(个·胎$^{-1}$)			—	—	—	—		—	—	—	—	
成活率/%			—				—	—				—
饲料组成	精饲料/(kg VS·天$^{-1}$)		—					—				
	粗饲料/(kg VS·天$^{-1}$)		—					—				
	粗饲料/(kg VS·天$^{-1}$)	块根多汁饲料（胡萝卜、圆白菜、白薯等）	—					—				
		青绿饲料										
		酒糟、麦麸	—					—				
	粗蛋白含量/%		—					—				
采食总能/(MJ·天$^{-1}$)			—					—				
饲料消化率/%			—					—				

附表 8　动物粪污管理方式调查表

省份：　　　　　　县名：　　　　　　调查人：　　　　　　调查日期：

调查类型：规模化舍饲 □　　　　农户舍饲 □　　　　放牧饲养 □

动物类型	粪便处理方式占比/%												
	放牧放养/自然消纳	燃料燃烧	固体贮存	运动场风干	堆肥处理	垫草垫料	舍内粪坑贮存（≤1 个月）	舍内粪坑贮存（>1 个月）	液体贮存	厌氧氧化塘	厌氧沼气处理	好氧处理	其他	肉鸡粪便垫料
奶牛														
肉牛														
水牛														
绵羊														
山羊														
生猪														
肉鸡														
蛋鸡														
水禽														

注：放牧放养/自然消纳：农区放羊或草原放牧的动物排泄的粪便，不采取任何处理措施，动物粪便留在农田或草地上自然风干或被植物利用。

用作燃料燃烧：在牧区或一些薪柴缺乏地区，粪便被收集晒干后作为燃料。

固体贮存：粪便收集后，放置在敞开的有砖砌或没有砖砌的池子里面，存放的粪便定期拉走。有时会通过覆盖、压实、添加添加剂等减少气体排放。

运动场风干：粪便产生后直接放置在场地上，通过太阳照射和通风的作用，自然晾干，累积的粪便会定时清运。

堆肥处理：畜禽固体粪便收集与秸秆等辅料混合后通过搅拌和通风方式供氧后进行的好氧发酵的过程。主要堆肥可分为槽式堆肥、容器堆肥、条垛堆肥、覆膜堆肥等。

垫草垫料：在牛舍和猪舍中不断地添加垫料来吸收畜禽产生的粪便和尿液。

舍内粪坑贮存：畜禽产生的粪便尿液和污水直接通过漏缝地板贮存在畜舍地板下的贮存池中，并定期排出。一般分为舍内贮存时间小于 1 个月和大于 1 个月两种类型。

液体贮存：液体粪便收集后，放置在敞开液体贮存池中贮存，液体粪便定期拉走。

厌氧氧化塘：粪便和污水从畜舍排出后，进入一个大贮存池中，贮存时间一般超过 6 个月甚至更长，氧化塘的上清液可以回用或灌溉农田。一般分为露天氧化塘或覆膜氧化塘。

厌氧沼气处理：收集的粪便在大型容器或密闭的粪池中进行厌氧发酵产生沼气，沼气收集后进行发电、生产生物天然气等利用，或者通过火炬燃烧，防止温室气体排放。厌氧沼气处理后的沼液在利用前可分为露天贮存或覆膜密闭贮存。

好氧处理：养殖污水通过强制通风供氧或自然供氧去除污水中有机物。

肉鸡粪便垫料：鸡舍内铺设垫料，肉鸡在垫料上饲养，定期将垫料和粪便一同清理利用。

其他：未包含在上述粪便管理方式之外的处理利用方式。

参 考 文 献

国家发展和改革委员会应对气候变化司. 2014. 中国 2005 年温室气体清单研究[M]. 北京: 中国环境出版社.

Agricultural and Food Research Council (AFRC) Technical Committee on Responses to Nutrients. 1993. Energy and Protein Requirements of Ruminants. Wallingford, U. K. CAB International: 24-159.

FAO, Global Research Alliance on Agricultural Greenhouse Gases. 2020. Livestock Activity Data Guidance (L-ADG): Methods and guidance on compilation of activity data for Tier 2 livestock GHG inventories. https://www.fao.org/3/ca7510en/CA7510EN.pdf. [2022.06.17].

Hutchings N J, Sommer S G, Andersen J M, et al., 2001. A detailed ammonia emission inventory for Denmark[J]. Atmospheric Environment, 35(11):1959-1968.

Intergovernmental Panel on Climate Change (IPCC). 2006. IPCC 2006 Guidelines for National Greenhouse Gas Inventories Volume 4: Agriculture, Forestry and Other Land Use. Hayama, Japan: Institute for Global Environmental Strategies.

Intergovernmental Panel on Climate Change (IPCC). 2007. Climate Change 2007: The Physical Science Basis. Contribution of Working Group I to the Fourth Assessment Report of the Intergovernmental Panel on Climate Change. Cambridge, United Kingdom and New York, NY, USA: Cambridge University Press.

Rotz C A, Animals N, Animals R, et al., 2004. Management to reduce nitrogen losses in animal production[J]. Journal of Animal Science, 82 E-Suppl (13Suppl1): E119.

Singh N, Bacher K, Song R, et al. 2015. Guide for Designing Mandatory Greenhouse Gas Reporting Programs. Partnership for Market Readiness Technical Papers. World Bank, Washington, DC.

United Nations Framework Convention on Climate Change. 2014. Handbook on Measurement, Reporting and Verification for developing country Parties. Bonn, Germany, December 2014.

US EPA. 2004. National Emission Inventory–Ammonia Emissions from Animal Husbandry Operations, Draft Report. January 30, 2004.

Wilkes A, Van Dijk S. 2018. Tier 2 inventory approaches in the livestock sector: a collection of agricultural greenhouse gas inventory practices. https://globalresearchalliance.org/wp-content/uploads/2018/12/Livestock-Tier-2-collection_Final_181130.pdf. [2022.06.17].